日本图解机械工学入门

从零开始学 机械设计

（原著第2版）

（日）池田茂　中西佑二◎著
王明贤　李牧◎译

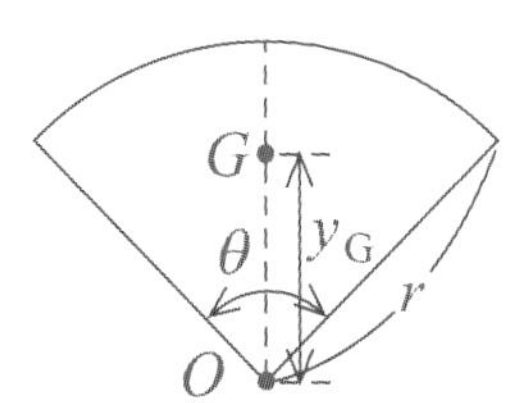

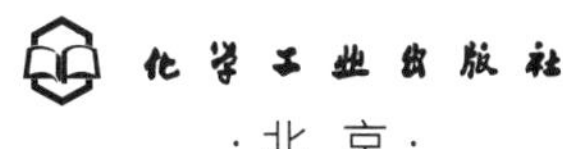

化学工业出版社
·北京·

内容简介

本书通过图解形式讲述机械设计的基础知识，从构思开始，考虑机构的大概形状，进而选择材料，然后进行制图，并制定加工制造计划等。内容包括：机械设计基础、连接零件、轴类零件、轴承、齿轮、挠性传动零件、缓冲零件。书中每个知识点后面都有例题讲解，给出题目分析和解答详细步骤，易学易懂。

本书适合普通高等院校本科的非机械类、高职机械类专业师生以及对机械设计感兴趣的自学者阅读。

Original Japanese Language edition
ETOKI DE WAKARU KIKAI SEKKEI (DAI 2 HAN)
by Shigeru Ikeda, Yuji Nakanishi

Published by Ohmsha, Ltd.
Chinese translation rights in simplified characters arrangement with Ohmsha, Ltd.
through Japan UNI Agency, Inc., Tokyo

北京市版权局著作权合同登记号：01-2020 -2821

图书在版编目（CIP）数据

从零开始学机械设计 /（日）池田茂，（日）中西佑二著；王明贤，李牧译. —北京：化学工业出版社，2020.10（2025.5重印）
（日本图解机械工学入门系列）
ISBN 978-7-122-37505-6

Ⅰ.①从… Ⅱ.①池… ②中… ③王… ④李… Ⅲ.①机械学-图解 Ⅳ.①TH11-64

中国版本图书馆CIP数据核字（2020）第145294号

责任编辑：项　潋　王　烨　　　文字编辑：林　丹　陈立璞
责任校对：张雨彤　　　装帧设计：王晓宇

出版发行：化学工业出版社（北京市东城区青年湖南街13号　邮政编码100011）
印　　装：大厂回族自治县聚鑫印刷有限责任公司
710mm×1000mm　1/16　印张14　字数270千字　2025年5月北京第1版第7次印刷

购书咨询：010-64518888　　　售后服务：010-64518899
网　　址：http://www.cip.com.cn
凡购买本书，如有缺损质量问题，本社销售中心负责调换。

定　　价：59.80元　

原著第2版前言

机械工学可以说是支撑所有产业的基础性的学术领域。这是因为它设计与制造出来的各种机械设备在产业的各个方面都获得应用。

为了使我们生活方便以及经济更加繁荣，需要使用各种材料创造出有用的产品。这些产品的制造都是从设计开始的。

设计工作首先是从制造出什么样的机械这一构思开始，考虑造型和机构，并确定大致的形状；然后选择使用的材料、机械的工作方式并进行绘图，进一步制定生产计划，直到制造完成样品。此外，在批量生产中，必须考虑以便宜的价格在交货日期内完成的方法。因此，可以进行变更设计。要完成这一系列工作，需要掌握以机械加工为主的理论知识、材料科学的理论知识以及材料力学的理论知识等，此外，因机器的类型多样也会涉及热力学和流体动力学等的理论知识。

假如尝试制作身边任何所熟知的物品时，都会涉及选择材料、进行强度计算、绘制图纸，而且在生产过程中有可能还会出现设计变更。在熟知机械设计之前，经常会碰到各种各样的问题，诸如强度不足、不该出现的问题或者难以加工等。当然，这些经历的积累就能造就出一名优秀的设计工程师。

本书涉及设计工程师的道德问题。设计工程师必须能够预测出新产品的诞生对社会的影响，并必须考虑该产品是否会产生负面影响。这也是成为优秀设计工程师必备的条件。

作者们　奉上

2014年5月

原著第1版前言

我们在日常生活中非常熟悉的自行车是将各种零部件进行组合制造而成的机械，以达到骑车人行走的目的。在设计自行车时，需要在考虑骑乘人的体重、以什么样的目的骑乘在什么样的道路上、自行车的售价设定为多少合适等条件的基础上，进行机构、结构和造型的设计，并确定使用的材料。在各种限制的条件下，首先试制出满足上述各项使用要求的产品。

机械设计是从构思到制图、生产的一系列计划，并制造出样品。实际上，从零开始的设计是一项相当艰苦的工作。为使自行车的车架在人骑上车时不会发生变形，需要进行确保安全性和质量的强度计算。但是，如果我们只注重强度而将昂贵的部件进行组合，就无法设定合理的价格。即使产品已经制造完成，也必须考虑易于维护或者部件的更换和调整问题。通过回顾自行车的历史，设计工程师就可以从更广阔的视角来理解制造、评估和改进机器了。

对于初学机械设计的人，本书是对设计必不可少的机械工程知识以及构成机械的各基本零部件的基础知识的总结，且叙述简洁、好理解。本书可作为机械设计入门指南。

作者们　奉上

2006年7月

目 录

第7章 缓冲件

第1章

机械设计基础

最近，机器人竞赛等各种制造赛事很盛行。为了参加这类大赛，参赛者必须根据组织方的规定，从一开始就自行设计、制造机器。

为了提高性能、满足某种使用目的而研制新的机器，或者为了提高现有机器的性能而进行改良，这在制造企业中是家常便饭。这个过程中，在学习前人各种技术和经验的基础上，人们还加入了新的创意或者独自开发的专利等，并执行诸如零件的材料选择、加工和装配之类的工作。

因此，机械设计就是为了实现某种目的而制作或者改进机器所进行的从制图到材料选择、加工、装配等的所有工作。在本章中，我们将学习有关机械设计的必备基础知识。

1.1 机械设计概述

设计说明书是机械设计的基础

要点

设计说明书是描述待制造机器的使用目的、功能、性能、尺寸规格及生产数量等机械设计所必须注意事项的说明性文件。

(1) 设计说明书

通常，在制造机器或者客户下订单时，会给出**设计说明书**（图1.1）。设计说明书内容包括：机器的使用目的、使用条件、性能、尺寸规格、生产数量、交货期限等。设计工作就是基于设计说明书而进行的。

下面，以螺旋千斤顶（图1.2、图1.3）为例就设计说明书和设计的要点进行介绍。

设计说明书

1．名　称	螺旋千斤顶
2．使用目的	提升货物
3．使用条件	适用于狭窄的场合
4．性　能	提升质量 3000 kg 提升高度 最大 150 mm
5．尺寸规格	底座 100 mm，高度 150 mm
6．生产数量	5000 台
7．交货期限	6个月

图1.1　设计说明书示例

图1.2　螺旋千斤顶

图1.3　螺旋千斤顶的应用示例

(2) 设计的要点

图1.4通过拆解螺旋千斤顶，展示了组成螺旋千斤顶的各个零件。在设计时，要满足以下6个要求。

① 选择适合机器使用目的的机构。

示例（螺旋千斤顶）中：机构采用简单、故障少的螺旋副形式。圆锥齿轮驱动带T形外螺纹的螺杆转动，带动具有T形内螺纹的套筒上下移动。

② 充分考虑作用在机器各部位的力，从经济的角度分别选择适应各个构件的材料，并确定其尺寸规格。

示例中：主体结构（外壳）、冠齿轮、底座等主要部件均采用铸造件。

③ 要考虑便于加工、装配、操作及维修。

示例中：图1.4中的箭头表示装配的方向。设计时，要考虑工具使用是否方便、拆卸和装配是否容易。

④ 考虑产品的标准化和降低生产费用。

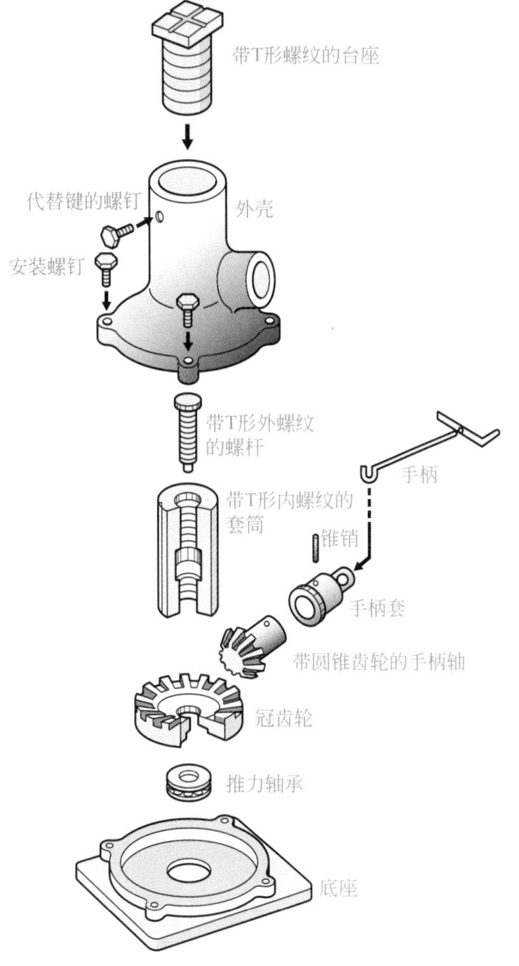

图1.4 螺旋千斤顶的分解

示例中：尽可能避免使用专用定制品，轴承、螺钉类等使用标准件（参见1.3节）。加工精度不要超过使用的需求。

⑤ 始终为整体机器构造新的设想，进行合理设计，并协调机器的形状和色彩。专注于新材料的应用并考虑机器的色彩。

示例中：通过旋转带T形外螺纹的台座进行高度的调节。

⑥ 考虑环境因素，考虑该产品成为可回收资源。

示例中：考虑零部件的回收和再利用。

1.2 功能设计与工艺设计

功能和制造方面的探讨

让我们在功能方面和工艺方面想一想！

❶ 功能设计就是规划要赋予产品的功能。

❷ 工艺设计就是规划以最经济、最容易制造的方法进行生产。

(1) 功能设计

功能设计是依据设计说明书中提出的使用目的，对该产品应具有的功能进行规划，并从技术上体现产品符合所要求的性能、寿命、可靠性及使用难易程度等。

为此，在已经应用的机械原理、机械零件或者机械单元的使用方法和组合方法上下功夫，使机器具备满足设计说明书要求的结构和机构。

如图1.5所示，利用T形螺纹的特性，通过冠齿轮（图5.2）和带T形螺纹的螺杆的组合可实现提升货物的功能。图1.6是冠齿轮和螺杆的装配。

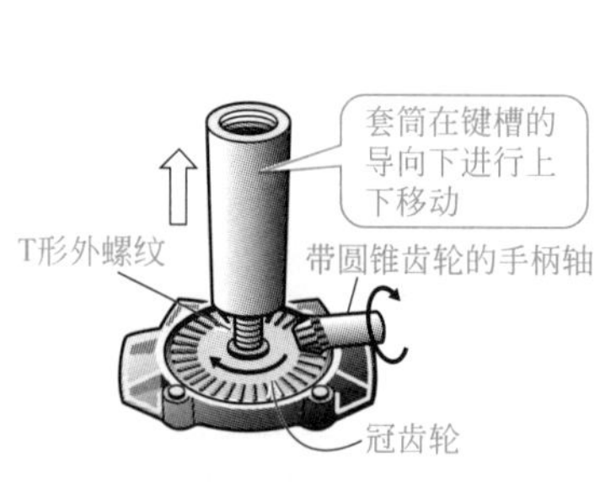

图1.5　螺纹千斤顶各部分的功能

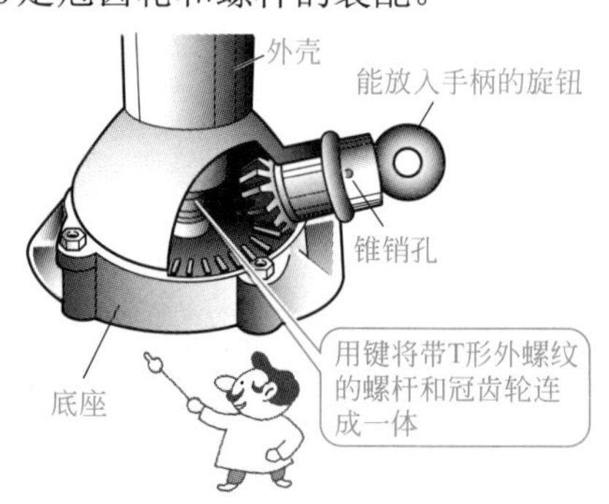

图1.6　冠齿轮和螺杆的装配

在实际设计中，如果应用了到目前为止还没有人使用过的原理，开发出了新的机械构件或部件，来显示机器结构或者机构的特有功能，就能与竞争产品产生差异化。在这种情况下，因为开发的结构或机构有可能与专利发生冲突，所以充分调查研究已发布的专利情况是非常重要的。

(2) 工艺设计

工艺设计是在不损害产品功能的基础上，从制造技术的角度进行的对生产最有利以及最经济的制造方法的设计。

在工艺设计中，能够进行改进的有以下几个方面。

① 构件的结构、机构、形状的合理化和简单化：为了便于零件的加工和制造，应尽可能简化形状和尺寸。此外，考虑到零件的装拆，大的部件如果能够拆分，则应尽可能将各个部分分开制作。

图1.7是通过一体化进行工艺简化的示例。因为齿轮需要进行齿加工，所以齿轮和轴通常是分开制造的。但是，此处千斤顶手柄轴的小圆锥齿轮和手柄轴是通过铸造整体成形制出的，且不需要进行齿加工，减少了零件的数量。

② 使用材料与零件的种类、形状、尺寸的统一和标准化，以及标准产品的使用：相同材料要统一种类，螺栓、螺母及垫圈等产品使用标准件，减少零件的品种数。

③ 改善和合理化加工方法并减少工序：对于复杂与大型的零件，要考虑到加工方法中存在的问题和缺陷的处理措施，即使采用相同的加工方法，也应该考虑采取分割制造的方法。在机械加工中，要消除浪费或过度的加工和精加工。

④装配与调整的合理化：避免过度的加工精度与配合。在装配时要设置基准点、线、面。图1.8表示了组装螺旋千斤顶时的基准，称底座和外壳的圆形接触面为**合缝**（用于提高装配精度的配合部位），圆形接触面的中心是X轴和Y轴的基准点，Z轴的基准点是推力轴承装入的基座加工表面。

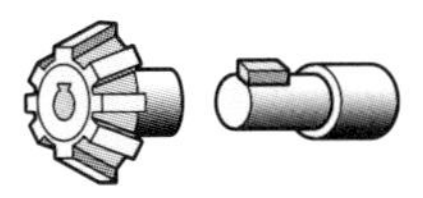

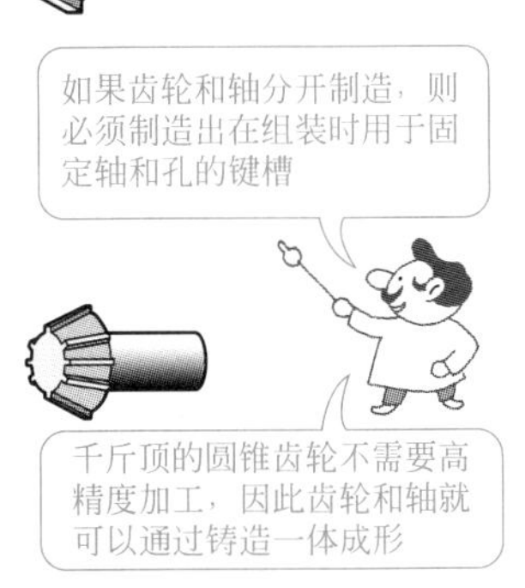

图1.7　手柄轴

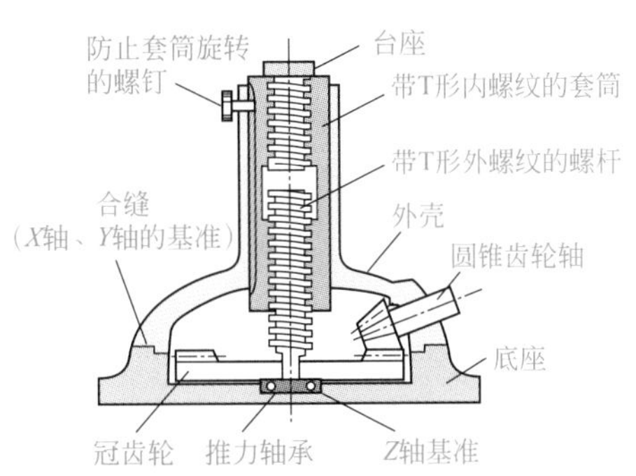

图1.8　加工装配时的基准面设定

1.3 标准化

JIS标准是日本标准化的代表性成果

标准化是制定有关材料、设备、产品等的形状和结构尺寸等的标准，并按照这些标准进行系统地统一。

（1） 标准与标准件

图1.9 JIS的标记

在日本建立了日本工业标准（Japanese industrial standards，JIS），这个标准恰当、合理地促进了日本工业产品的标准化。图1.9是JIS标记。

标准化的结果是：提高了工业产品的质量，提高了生产效率，促进了生产合理化，简化了交易，同时促进使用和消费合理化。

另外，JIS标准与制定国际标准的**国际标准化组织**（international organization for standardization，ISO）相互关联，在国际上具有一致性。

在设计零件之前，我们应该调查是否有JIS标准等指定的标准产品，如在JIS标准中规定了螺栓、螺母、轴承等产品的尺寸和材质等，由于专业制造商可以大批量、经济且高精度地生产，因此，不需要自行设计。这样的零件称为标准件。

（2） 尺寸和优先数

在产品或零件的标准化中，涉及螺栓和螺母等标准零件、标准材料、标准加工方法、标准精加工方法等各领域，但基本是表示形状大小的**标准化**。

在JIS标准中，为了选择设计中使用的零件或者材料的尺寸，规定了一定的数值，即**优先数**，见表1.1。优先数系由一组近似等比的数列组成。在表中竖直排列的序列称为基本序列。常用比例从左边开始分别是$\sqrt[5]{10}\approx1.6$、$\sqrt[10]{10}\approx1.25$、$\sqrt[20]{10}\approx1.12$、$\sqrt[40]{10}\approx1.06$，它们分别用缩写R5、R10、R20、R40等表示。

这些数列在1～10的范围内，但是通过乘以10或20等倍数，就能够表达各种数值。表1.2是JIS标准规定的轴径尺寸实例。

在确定图1.11所示阶梯轴的直径时，如果参考表1.2进行选择，就可以购买市售轴承和齿轮，这样比自己制造便宜。

表 1.1 优先数

基本系列的优先数				基本系列的优先数			
R5	R10	R20	R40	R5	R10	R20	R40
1.00	1.00	1.00	1.00	2.50	3.15	3.15	3.15
			1.06				3.35
		1.12	1.12			3.55	3.55
			1.18				3.75
	1.25	1.25	1.25	4.00	4.00	4.00	4.00
			1.32				4.25
		1.40	1.40			4.50	4.50
			1.50				4.75
1.60	1.60	1.60	1.60		5.00	5.00	5.00
			1.70				5.30
		1.80	1.80			5.60	5.60
			1.90				6.00
	2.00	2.00	2.00	6.30	6.30	6.30	6.30
			2.12				6.70
		2.24	2.24			7.10	7.10
			2.36				7.50
2.50	2.50	2.50	2.50		8.00	8.00	8.00
			2.65				8.50
		2.80	2.80			9.00	9.00
			3.00				9.50

表 1.2 JIS 标准规定的轴径尺寸实例（7~45mm）

7 □△	12.5 ○	22 □△	35 □△
7.1 ○	14 ○△	22.4 ○	35.5 ○
8 ○□△	15 □	24	38 △
9 ○□△	16 ○△	25 ○□△	40 ○□△
10 ○□△	17 □	28 ○□△	42 △
11 △	18 ○△	30 □△	45 ○□△

注：○—优先数；□—滚动轴承的内径和外径尺寸；△—圆柱轴端的直径尺寸，见图1.10。

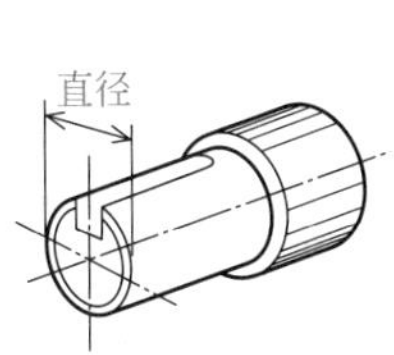

图1.10 圆柱轴端

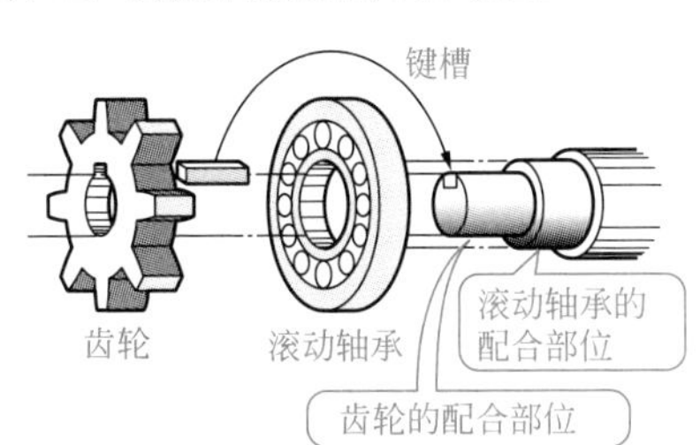

图1.11 轴的直径采用优先数

1.4 机械零件

机械零件是构成机械的最小单元

❶ 机器零件是拆解机器时，可以拆解的最小单位的构件。
❷ 机器上没有多余的构件，每个构件都必然有它的使用目的。

(1) 机械零件的种类

构成机械结构的机械零件大多数在机器中能够通用，按照使用的目的（图1.12）进行分类。

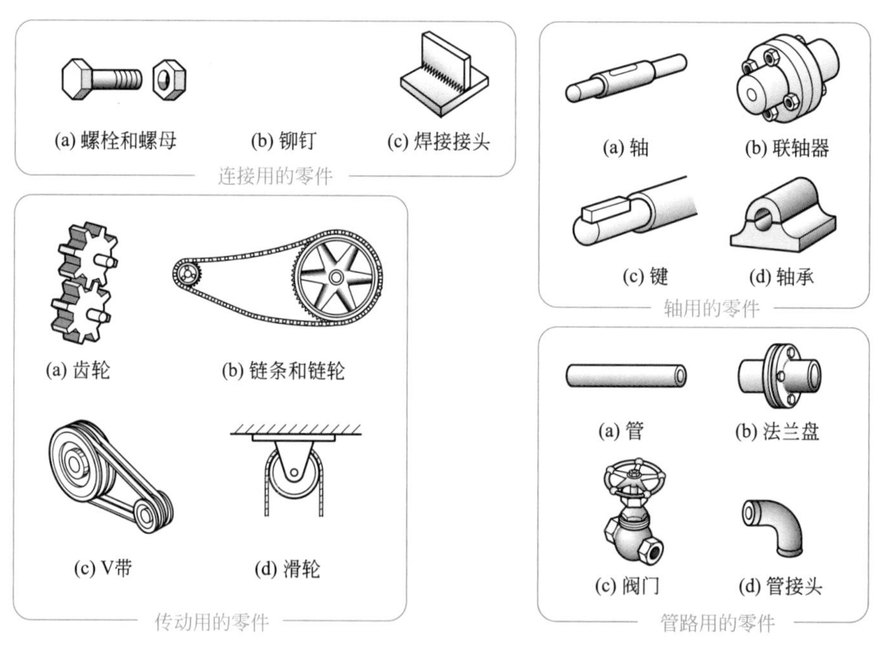

图1.12　机械零件的使用目的

(2) 机械零件和机构

机器是由满足使用要求的机械零件等构件组合而成的。在机器中必然有运动的部件，例如旋转运动和直线运动等。这时，彼此相互接触并进行相对运动的构件组合称为**运动副**。

在运动副中有**螺旋运动副**和**旋转运动副**等。图1.13是两个构件以面接触的形式相互接触的，称为**面接触运动副**。与此相反，图1.14所示的构件组合同样是螺旋运动副，但其两构件是以球面接触的形式相互接触，因此，称为**点接触运动副**。

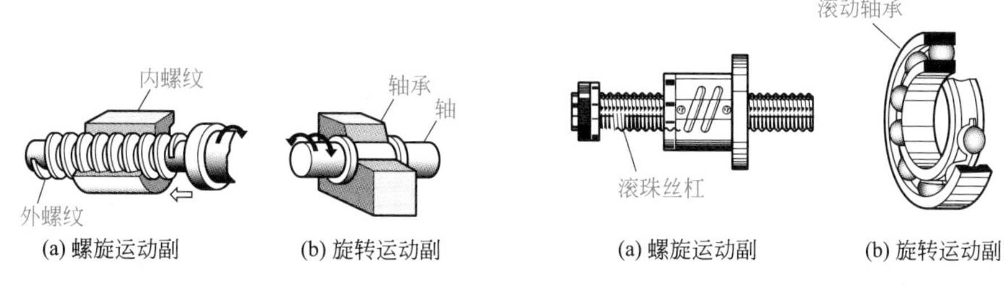

图1.13　面接触运动副的实例

图1.14　点接触运动副的实例

另外，**机构**是由几个运动副组合而构成的，目的是完成直线运动或者旋转运动的传递和转换等。

(3) 机械零件的组合

尝试将机械零件组合，就能够构成各种各样的机构。典型的机构如图1.15所示。图1.15（a）～（c）是机械零件之间以线接触的运动副。

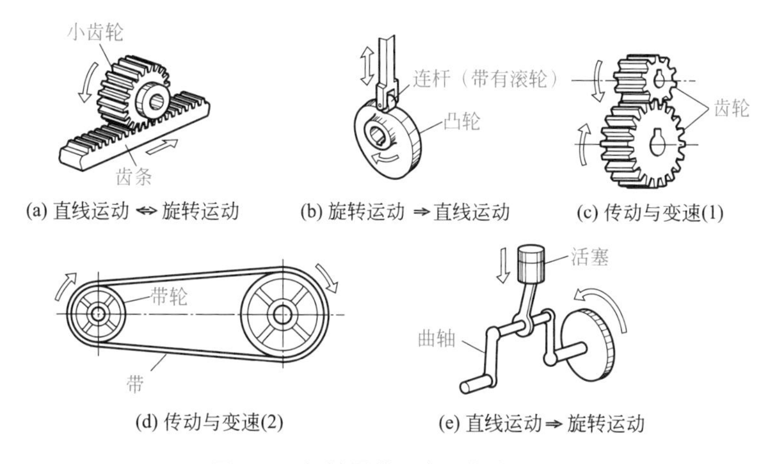

图1.15　机械零件组合所构成的机构

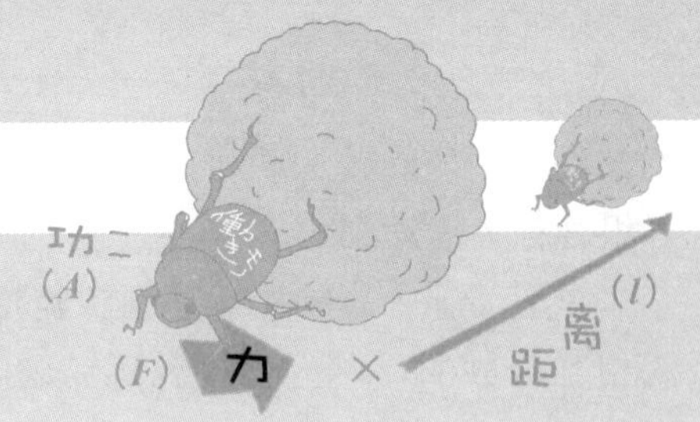

1.5 功与功率

功率是单位时间内所做的功

❶ 功是力与移动距离的乘积。
❷ 功率是在单位时间内所做的功。

(1) 功

1）功的定义

功A(J)是如图1.16所示那样的力$\boldsymbol{F}$(N)的大小和运动距离l(m)的乘积，可以用下面的公式表示。

$$\text{功=力×移动距离，即} A = Fl \tag{1.1}$$

在这里，1J表示施加1N的力使物体移动1m所做的功。

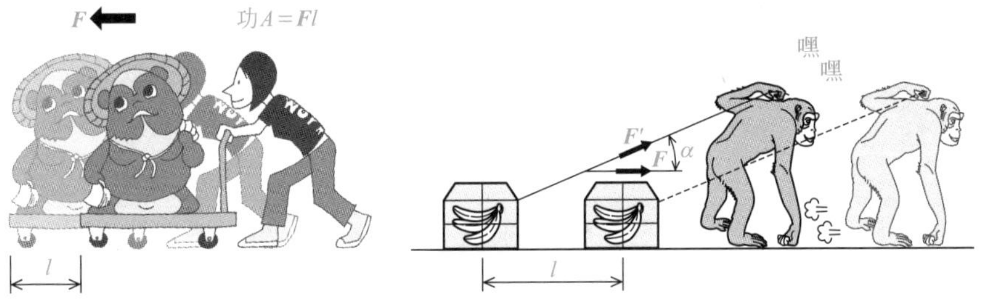

图1.16 功的定义

图1.17 从斜上方施加的力

力的作用方向如果不与运动方向平行，该力就是无效的。在图1.17中，由于力是从斜上方作用于物体的，则力的有效功可由下式表示。

$$\begin{aligned} A &= Fl = F'\cos\alpha l \\ &= F'l\cos\alpha \end{aligned} \tag{1.2}$$

2）杠杆的利用

我们利用杠杆的原理就能够使用较小的力举起较大的物品。图1.18（a）中的AB或者图1.18（b）中的AO都是结实的板。通过在A点施加作用力$\boldsymbol{F}$(N)，以O点为支撑点，可以提升放置在B点的重量为$\boldsymbol{W}$(N)的物体。这种结构称为**杠杆**。

力$\boldsymbol{F}$在A点的作用转化为功是Fh_a，如果用在B点的物体所做的功进行换算，就是Wh，而物体所做的功和杠杆所做的功是相同的，所以有$Fh_a = Wh$成立。

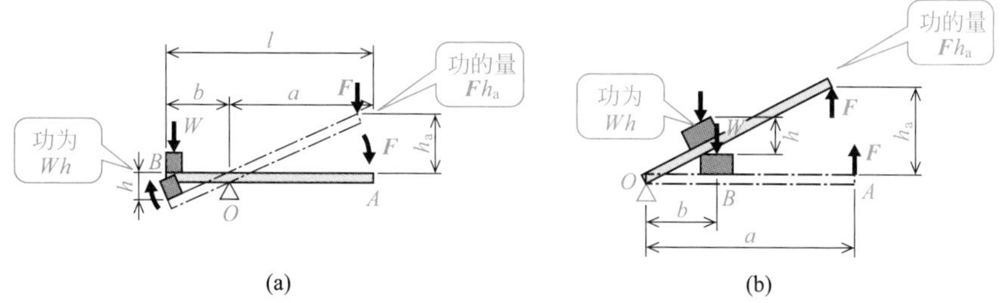

图1.18　杠杆的利用

3）轮轴

轮轴是将杠杆原理应用到圆柱体，实现以较小的力提升货物的装置。如图1.19所示，绳索缠绕在轮（大直径圆柱体）和轴（小直径圆柱体）上，绳索的一端悬挂着重量为W的物体，在绳索的另一端施加力F，用以提升物体。

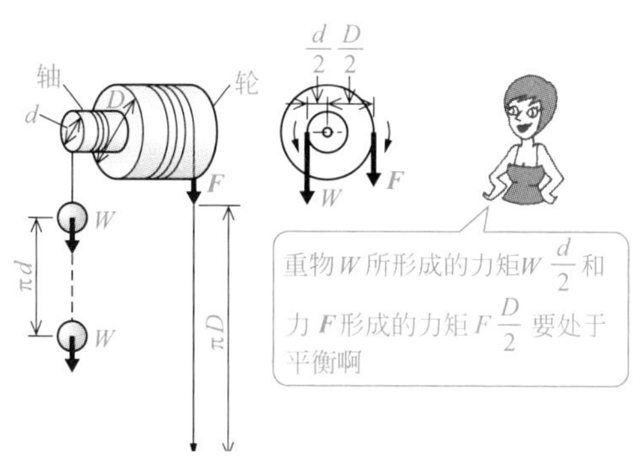

图1.19　轮轴

由力矩的平衡，得：

$$F\frac{D}{2} = W\frac{d}{2} \qquad FD = Wd \tag{1.3}$$

由式（1.3）可知，物体的重量W和拉力F与轮轴的直径成反比。而且，拉动绳索的长度和提升物体的高度与轮轴的直径成比例。换句话说，为了利用轮轴实现以较小的力提升物体，需要更多地拉动绳索。

4）滑轮

如图1.20所示，滑轮分为**定滑轮**（轴的位置固定）和**动滑轮**（轴的位置移动）。定滑轮在改变力的方向时使用。使用动滑轮只需用挂在滑轮上物体重量一半的力就能够拉动重物上升。

图1.21是定滑轮与动滑轮组合而成的滑轮组。由于有三个动滑轮，因此需要的拉力F为：

$$F=\frac{1}{2}\times\frac{1}{2}\times\frac{W}{2}=\frac{W}{8} \qquad (1.4)$$

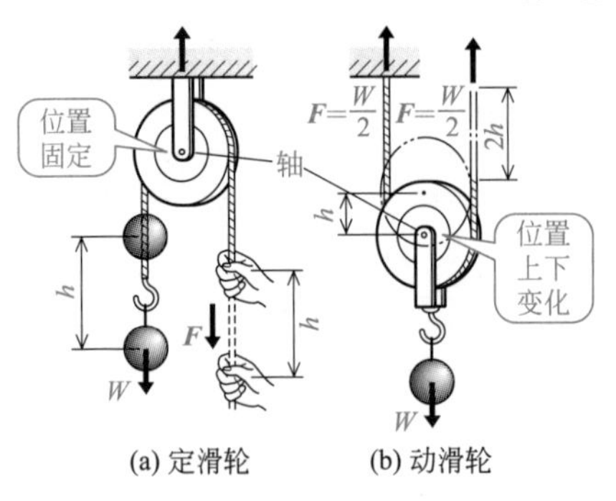

图1.20　定滑轮和动滑轮

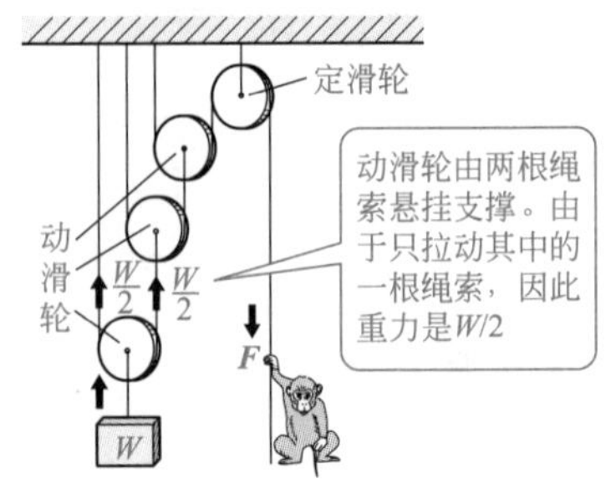

图1.21　定滑轮和动滑轮构成的滑轮组

上述公式表明，只需使用物体重量1/8的力就能够提升物体。但是，拉动绳索的长度是提升物体高度的8倍。换句话说，提升物体的拉力所做的功与物体升高所做的功是相等的。

（2）能量

当一个物体具有对另外一个物体做功的能力时，就认为该物体具有**能量**。能量有许多类型，但在这里我们关注的是机械能（物体所处位置所具有的势能和运动的物体所具有的动能）。

1）重力所具有的势能

图1.22是用重锤打桩的情形。将质量为m(kg)的重锤举高到离工作面h(m)的高度处，这时重锤所具有的功是mgh［g是重力加速度（m/s^2）］。相反，具有质量m(kg)、位于高度h的重锤在下落时具有做功的能力，大小是mgh。

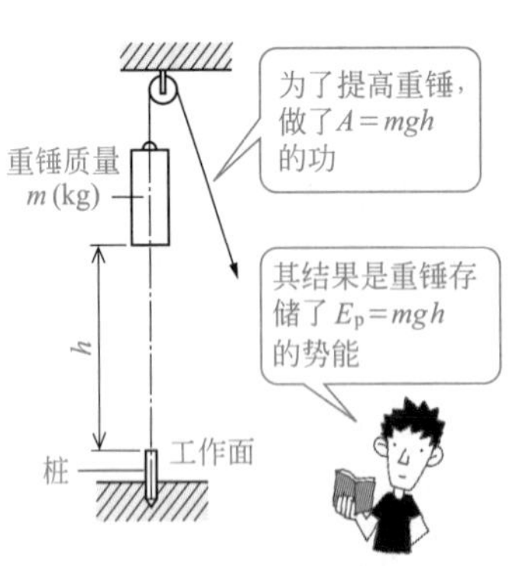

图1.22　势能

这种能力称为势能E_p(J)，用下式表示。

$$E_p=mgh \qquad (1.5)$$

2）动能

通常，当施加给物体的力变化时，物体速

度就会发生变化，产生加速度。当作用力用F(N)表示、加速度用a(m/s^2)表示、物体的质量用m(kg)表示时，运动方程式就成为式（1.6），这是众所周知的牛顿第二定律。

$$F=ma \tag{1.6}$$

然后，在以初速度v_0(m/s)运动的物体上，给予加速度a(m/s^2)，其行进了l(m)距离。如果设这时的速度为v(m/s)，则能够得到下式。

$$v^2-v_0^2=2al \tag{1.7}$$

如图1.23所示，质量m(kg)的物体以速度v_0(m/s)进行运动，在这物体上连续施加与运动方向相反的力$\boldsymbol{F}$(N)，设物体只移动距离l(m)就停止运动。

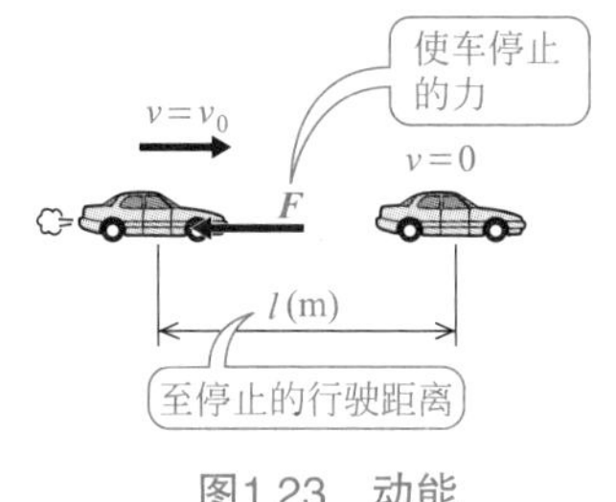

图1.23　动能

这时，物体具有的阻力$\boldsymbol{F}$做出了功Fl。现在，如果设这个物体的加速度为a(m/s^2)，F力就是与运动方向相反的力，则运动方程式可用下式表示。

$$-F=ma$$

另外，令式（1.7）中的$v=0$，则物体到停止前所行驶的距离l(m)可以表示为下式。

$$0-v_0^2=2al \quad l=-\frac{v_0^2}{2a}$$

在这一过程中，因为物体所做的功等于动能E_k(J)，所以可以得到下式。

$$E_k=Fl=ma\frac{v_0^2}{2a}=\frac{1}{2}mv_0^2 \tag{1.8}$$

（3）功率

功率是指单位时间内所做的功。功率的单位是瓦特（W），1W功率是指每秒做1J的功。图1.24是用桶提取河水的情景。在10s能将装入水质量达10kg的桶提升到20m高的人和在5s提升1次的人所做的功都是$10\times9.8\times20=1960$ J，没有差别。但前者的功率是$1960/10=196$ W，后者的功率是$1960/5=392$ W，后者的功率是前者的2倍。用公式表示，功率P(W)为：

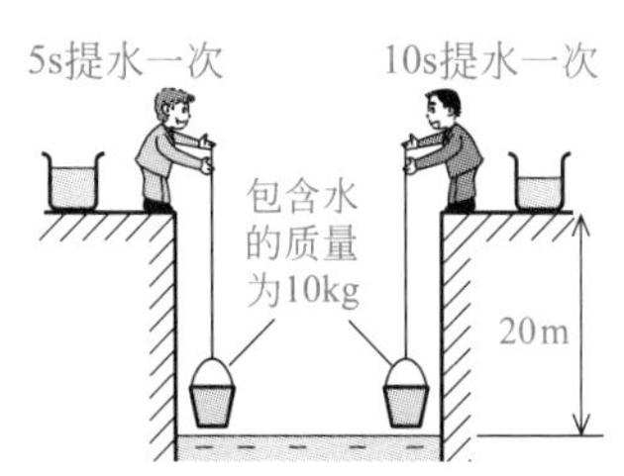

图1.24　功率的差异

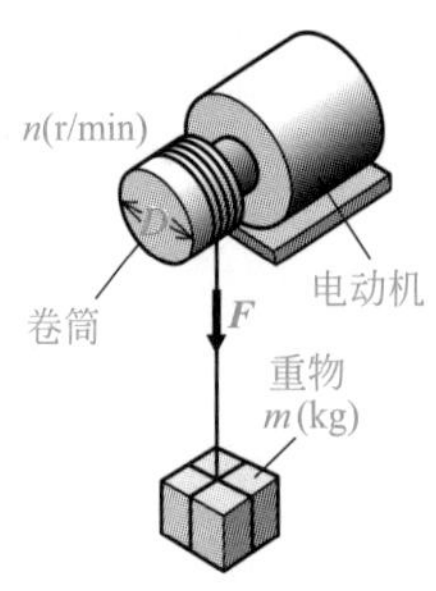

图1.25　电动机的功率

$$功率 = \frac{功}{时间} \tag{1.9}$$

$$P = \frac{A}{t} = \frac{Fl}{t} = F\frac{l}{t} = Fv \tag{1.10}$$

下面，我们看看电动机的功率。如图1.25所示，当直径D(mm)的卷筒在电动机的作用下，每分钟旋转n次提升物体时，如果设施加在绳索上的张力为F(N)，则功率P(W)由下式表示。

$$P = F\frac{\pi Dn}{60\times 1000} \quad \text{(W)} \tag{1.11}$$

使卷筒旋转的力矩T(N・m)为：

$$T = F\frac{D}{2000} \quad \text{(N・m)}$$

整理上式，得$FD = 2000T$，将其代入式（1.11）中，得：

$$P = \frac{2000\pi nT}{60\times 1000} \quad \text{(W)} \tag{1.12}$$

1.1　质量10^4 kg的卡车以速度72 km/h行驶，请求出卡车的动能。

解：由式（1.8）得卡车所具有的动能为：

$$E_k = \frac{1}{2}mv_0^2 = \frac{1}{2}\times 10^4 \times \left(\frac{72\times 1000}{60\times 60}\right)^2$$
$$= \frac{1}{2}\times 10^4 \times 400 = 2\times 10^6\,\text{(J)} = 2\text{MJ}$$

1.6 摩擦与机械效率

摩擦是伴随运动产生的

摩擦因作用在接触面上的正压力与接触表面的材质不同会有很大的差别。

(1) 摩擦

1）静摩擦

图1.26是利用弹簧秤牵引质量m物体的情景。拉力较小时物体不动，此时，在接触表面上作用有与拉力F大小相同、方向相反的阻力f。这种阻力f称为**摩擦力**。

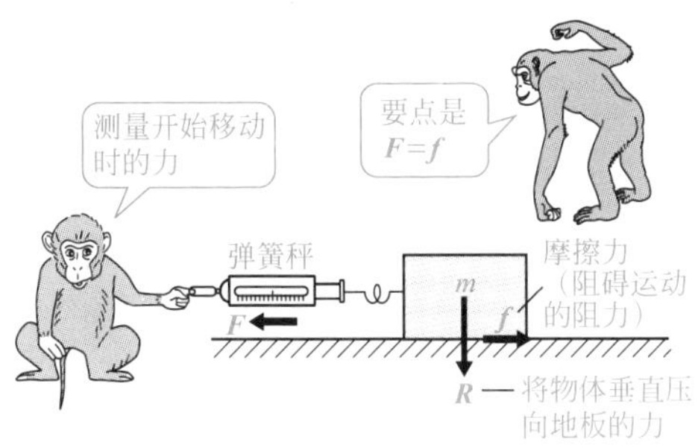

图1.26 摩擦力的测量

随着拉力$\boldsymbol{F}$逐渐增加，物体开始移动。此时的摩擦力称为**静摩擦力f_0**。

静摩擦力f_0的大小与将物体垂直压向地板（接触面）的力$\boldsymbol{R}$的大小成正比，即

$$f_0 = \mu_0 R = \mu_0 mg \tag{1.13}$$

比例常数μ_0因相接触物体的材质和接触表面的状态而有所不同，但是，它是与接触面积无关的恒定值。这一比例常数μ_0称为**静摩擦因数**。部分材料的静摩擦因数如表1.3所示。

表1.3 静摩擦因数

摩擦片	摩擦接触面	静摩擦因数
铅 / 镍 / 银	低碳钢	0.4
低碳钢	低碳钢	0.35～0.4
砖	砖	0.6～0.7
皮革	金属	0.4～0.6

图1.27表示了作用在斜面上的力，质量为m的物体放置在水平状态的板上，当使板逐渐倾斜时，在板上的物体终会开始滑动。此时，板的倾斜角ρ称为**摩擦角**。

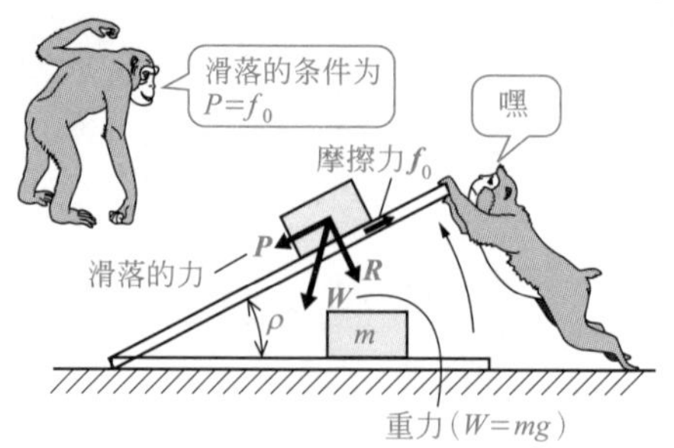

图1.27　摩擦角

这时，促使物体沿斜面滑动的力$\boldsymbol{P}$与静摩擦力处于平衡状态。因此，将物体的重力$\boldsymbol{W}=m\boldsymbol{g}$引起的力分成平行于斜面的力$P=W\sin\rho$和垂直于斜面的力$R=W\cos\rho$，则可以从$P=f_0$这一平衡条件，获得下面的表达式。

$$W\sin\rho=\mu_0 W\cos\rho$$

$$\mu_0=\tan\rho \tag{1.14}$$

这个等式表明了静摩擦因数与摩擦角之间的关系，静摩擦因数可以通过实验从摩擦角获得。

2）**动摩擦**

阻碍运动的摩擦力即使在物体开始移动之后也作用在物体上。这种摩擦力称为**动摩擦力**。动摩擦力$\boldsymbol{f}'$的大小也与垂直施加到接触面的力$\boldsymbol{R}$的大小成正比。

$$f'=\mu R \quad \mu=\frac{f'}{R} \tag{1.15}$$

比例常数μ称为**动摩擦因数**，它是由相接触物体的材质和接触表面的状态决定的。但它几乎不受接触面积和滑动速度等的影响。

动摩擦因数小于同一接触面上的静摩擦因数，并且当使用油等润滑接触面时，动摩擦因数会变小。

（2）机械的效率

如图1.28所示，我们向机器提供电能等能量，促使电动机旋转来驱动机械做功。

并非所有的能量都会得到有效利用，其中一部分会因摩擦等的影响，产生损失的功而消失。有效功与所提供的能量之间的比率称为**效率**η，并由下式表示。

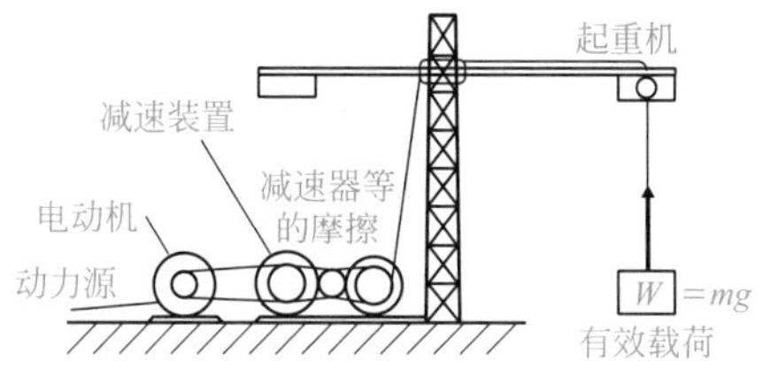

图1.28 机械的效率

$$\text{效率}\,\eta = \frac{\text{有效功}}{\text{供给的总能量}} \times 100 = \frac{\text{有效功}}{\text{有效功} + \text{损失的功}} \times 100\% \tag{1.16}$$

效率是单位时间内所做的功，效率可以用下式表示。

$$\text{效率}\,\eta = \frac{\text{有效的效率}}{\text{供给的总效率}} \times 100 = \frac{\text{有效的效率}}{\text{有效的效率} + \text{损失的效率}} \times 100\% \tag{1.17}$$

1.2 配备了输出功率为5kW的电动机的起重机，以0.6 m/s的速度提升质量为500kg的物体。请求解出起重机的效率。

解：起重机提升物体时的功率根据式（1.10）来计算，得：

$$500 \times 9.8 \times 0.6 = 2940\ (\text{W}) = 2.94\text{kW}$$

由于电动机的输出功率是5kW，所以起重机的效率η根据式（1.17）进行计算，得：

$$\eta = \frac{2.94}{5} \times 100 = 58.8\%$$

例题

1.3 如图1.29所示，以圆周速度30m/s旋转的砂轮在切线方向受到90 N的力作用时，请求解出磨削功率。另外，如果机械效率为0.8时，所需要的功率（kW）为多少？

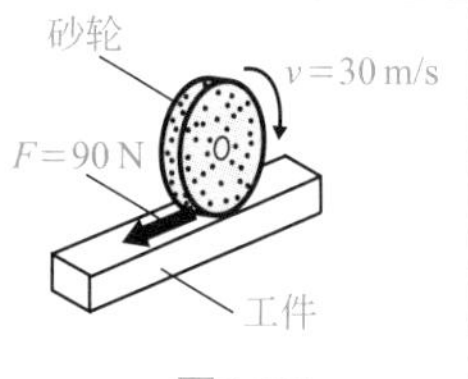

图1.29

解：砂轮的磨削功率根据式（1.10）进行计算，得：

$$P = 90 \times 30 = 2700\ (\text{W})$$

由于机械效率是0.8，根据式（1.17），所需的功率（供给的功率）为：

$$\text{所需的功率} = 2700 / 0.8 = 3375\ (\text{W}) = 3.375\text{kW}$$

1.7 机械构件上的载荷、应力以及应变

应力和应变是载荷引起的

要点

构件上一旦施加了力，它就会变形。施加的力称为外力或载荷。
机械在各种外力的作用下不会变形，它必须保持其原有的结构。

（1）依据载荷的作用方式进行分类

1）拉伸载荷

在构件上作用的拉伸的力称为拉伸载荷。在图1.30（a）、（b）中，拉伸载荷作用在丝杠或者紧固螺栓等的螺纹位置。

2）压缩载荷

在图1.30（c）中，千斤顶在承受压缩的力的同时，提升重物。这时，作用在千斤顶上的载荷称为压缩载荷。

3）剪切载荷

在采用冲压机进行冲裁加工时，将材料（板材）夹持在冲头和模具之间，通过冲压机施加剪切力对材料进行冲剪，如图1.30（d）所示。此时，作用在材料上的力称为剪切载荷。

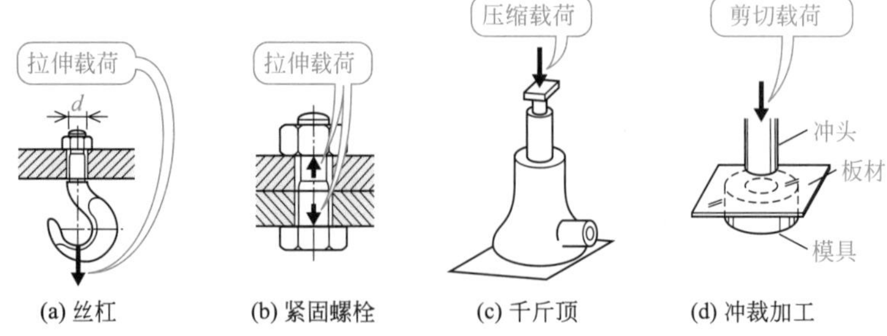

图1.30　构件上作用的载荷分类

（2）依据载荷的作用性质进行分类

图1.31是按载荷的作用性质来进行的分类。

1）**静载荷**

不断地作用在机器或者结构各构件上的自重等恒力。这种载荷称为**静载荷**。

2）**动载荷**

动载荷是指力的大小随时间变化的载荷，包括交变载荷和冲击载荷。

① 交变载荷：周期性重复作用的载荷。有单振载荷（仅在拉伸或压缩的一个方向上作用）和双振载荷（拉伸和压缩交替作用）之分。

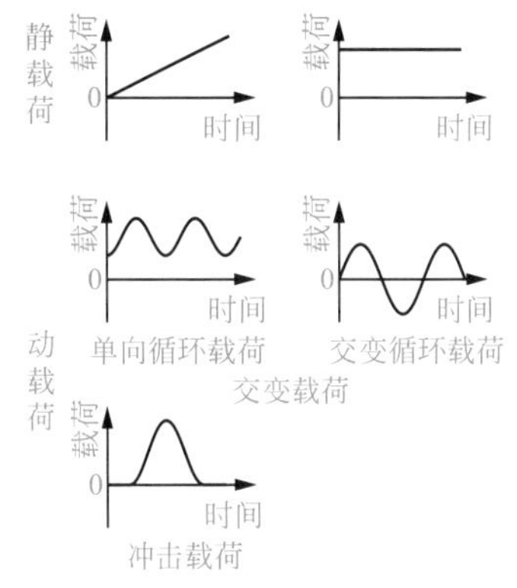

图1.31 静载荷和动载荷

② 冲击载荷：像用锤子敲打物体或物体碰撞时那样，在较短的时间内冲击性地作用的载荷。

（3） 正应力和应变

当外力*W*作用在物体上时，为使物体不发生破坏，在其内部会产生能够克服外力的内力。图1.32（a）显示了拉伸载荷作用在物体上的状态。在观察物体的内部状况时，我们用垂直于轴向的假想平面*S*去切割物体，如图1.32（b）所示，内力***P***在与外力***W***相反的方向上产生并与外力***W***平衡。单位面积上的内力称为**应力**。拉伸载荷引起的应力称为**拉应力**，而压缩载荷引起的应力称为**压应力**。由于拉应力和压应力都是由垂直于横截面方向上的载荷所引起的应力，因此它们统称为**正应力**。

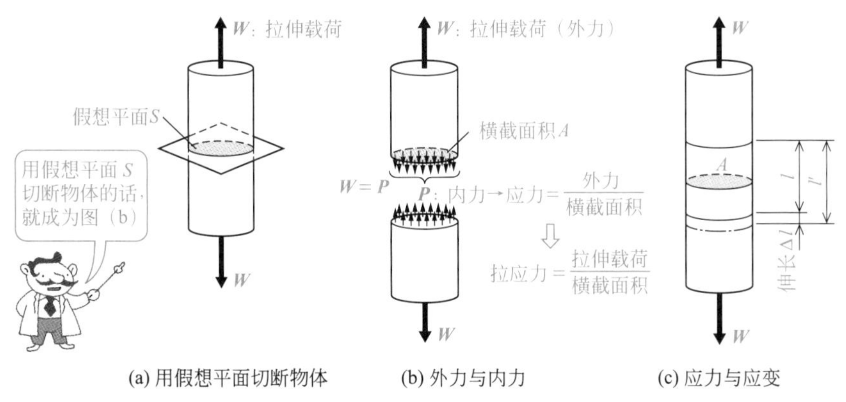

图1.32 拉伸载荷与内力、应力的关系

应力的单位是帕（Pa），1Pa表示在1m^2 的横截面积上作用1N的力时所产生的应力，而在1mm^2 的横截面积上作用1 N的力时，应力就成为10^{6}Pa，即1MPa。

如图1.32（c）所示，横截面积为$A(mm^2)$，垂直载荷大小为$W(N)$，如果用$\sigma(MPa)$表示正应力，则下式成立。

$$\sigma = \frac{W}{A} \tag{1.18}$$

另外，同样如图1.32（c）所示，假设原始长度为$l(m)$，在拉伸载荷的作用下伸长$\Delta l(m)$，长度变成$l'(m)$。变形量与原始长度的比值称为**应变**，则应变ε用下式表示。

$$\varepsilon = \frac{\Delta l}{l} \tag{1.19}$$

（4）应力与应变曲线

当外力相对较小时，物体在外力消除之后就能恢复到原始状态。这种性质称为**弹性**，此时的变形称为**弹性变形**。然而，随着外力增大到一定程度，即使将外力撤除，物体的变形也不能恢复到其原始状态。这种性质称为**塑性**，此时的变形称为**塑性变形**。

当对JIS标准中规定形状的试样施加拉伸载荷时，能够获得应力与应变之间的关系，如图1.33所示。

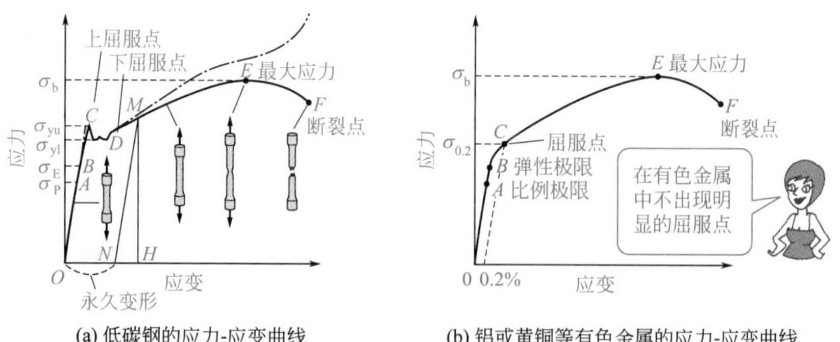

图1.33　应力-应变曲线

图1.33（a）是低碳钢的应力-应变曲线图。当在试样上施加拉伸载荷时，应力的应变就会从原点O相对应地线性增加到A点，A点称为**比例极限**。然后，应变到达弹性极限B点。当进一步增加载荷时，应变稍微偏离直线并上升到上屈服点C。接着，应变经历低碳钢特有的复杂波动，达到屈服点D。之后，应变相对于载荷快速增加，在E点达到最大载荷，其后，应变增加并在F点断裂。E点处

的应力称为最大应力，或者称为材料的**拉伸强度（抗拉强度）**。

当从超过弹性极限的M点撤除载荷时，应变沿着OB线减小，并且，即使在完全撤除载荷之后，应变也仍保留在材料中。这称为永久变形。

图1.33（a）中的点画线表示将载荷除以此时的横截面积而得到的真实应力与应变之间的关系；图中的实线表示载荷除以原始横截面积的应力与应变之间的关系，称为**公称应力**。

图1.33（b）是铝和黄铜等有色金属的应力-应变曲线，没有出现明确的屈服点。在这种情况下，永久应变为0.2％的C点对应的应力称为屈服应力，并且可以替代屈服点使用。

（5）弹性系数

在设计机械时，需要假定机械不发生变形或破裂，通过计算所用零件的强度来确定其形状。这样的不产生变形的物体称为**刚体**。实际上，零件在外力的作用下会发生变形，而各种强度计算只是在弹性变形范围内进行。

应力和应变在弹性变形范围内是成比例的，这种关系称为**胡克定律**，其比例常数称为**弹性系数**。正应力和正应变之间的比率称为**（纵向）弹性模量**或者**杨氏模量**，并且用E(MPa)表示，因此，有

$$\sigma = E\varepsilon \quad E = \frac{\sigma}{\varepsilon} \tag{1.20}$$

将式（1.18）、式（1.19）代入式（1.20），就能够表示为下式。

$$E = \frac{Wl}{A\Delta l} \tag{1.21}$$

（6）剪切应力和剪切应变

剪切载荷作用在垂直于轴线的方向上，而由剪切载荷$\boldsymbol{W}$(N)所引起的应力称为**剪切应力**（或切应力）$\boldsymbol{\tau}$(MPa)，其大小由下面的公式表示（图1.34）。

$$\tau = \frac{W}{A} \tag{1.22}$$

在图1.35中，当剪切载荷$\boldsymbol{W}$作用在材料内部的两个相互平行的距离为l的平面上时，如果这两个平面错开了Δl的距离，且倾斜了ϕ这一微小角度，**剪切应变**γ则由下面的公式表示。

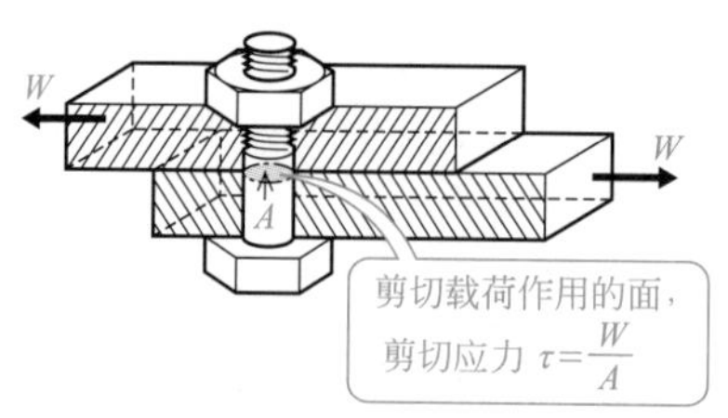

图1.34　剪切应力

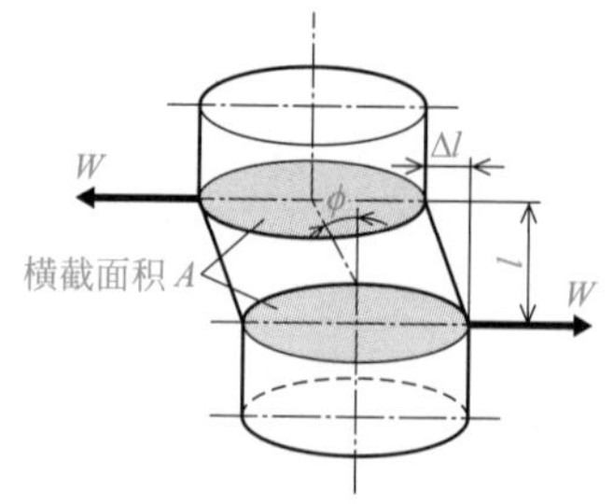

图1.35　剪切应变

$$\gamma = \frac{\Delta l}{l} \tag{1.23}$$

（7）切变弹性模量

剪切应力与剪切应变之间的关系在外力较小时成比例，这一比例常数称为切变弹性模量G(MPa)。

$$\tau = G\gamma \quad G = \frac{\tau}{\gamma} \tag{1.24}$$

将式（1.22）、式（1.23）代入式（1.24），就能够表示为下式。

$$G = \frac{Wl}{A\Delta l} \tag{1.25}$$

1.4　在横截面积为60 mm^2、长度为5m的钢丝上，施加6 kN的载荷时，钢线伸长了2.5mm。请求解出钢丝弹性模量。

解：由式（1.21），得：

$$E = \frac{Wl}{A\Delta l} = \frac{6000 \times 5000}{60 \times 2.5} = 200000\ (\text{MPa}) = 200\text{GPa}$$

1.8 弯曲

拉伸和压缩的复合作用

要点

当载荷垂直于轴线作用时，杆在载荷方向发生变形。这种由载荷引起的状态称为弯曲，而这种杆称为梁。

（1）梁及其支点的类型

1）梁的类型

支撑梁的点称为**支点**，支点之间的距离称为**跨度**。依据梁的支撑方式和载荷的施加方法，梁分为各种类型，如图1.36所示。

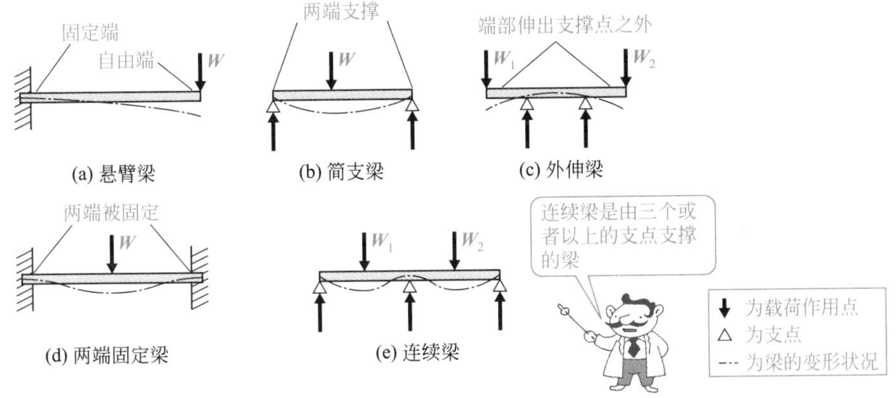

图1.36　梁的类型

2）作用于梁上的载荷

如图1.37（a）所示，载荷集中作用在梁的一个点上称为**集中载荷**。载荷分布在梁的全长或者一部分长度上的称为**分布载荷**。单位长度具有恒定载荷的称为**均匀分布载荷**，如图1.37（b）所示。

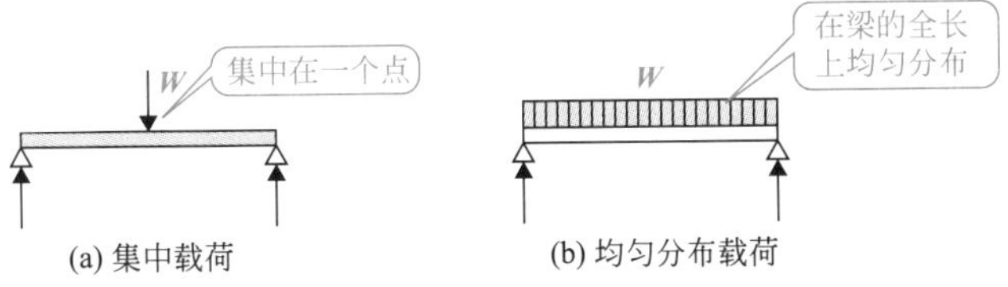

图1.37　梁上作用的载荷

(2) 作用在梁支点上的反力

如图1.36所示，在梁上作用有各种各样的载荷。这些载荷由支点或者固定端支撑，而使梁处于平衡状态。

因此，由以下平衡条件能够求解出作用在梁支点上的反力。

① 载荷和反力的合力为零。

② 力矩之和在任何断面都为0。

图1.38（a）是具有一个集中载荷$\boldsymbol{W}$的简支梁，请求解出支点的反力$\boldsymbol{R}_{\mathrm{A}}$和$\boldsymbol{R}_{\mathrm{B}}$。

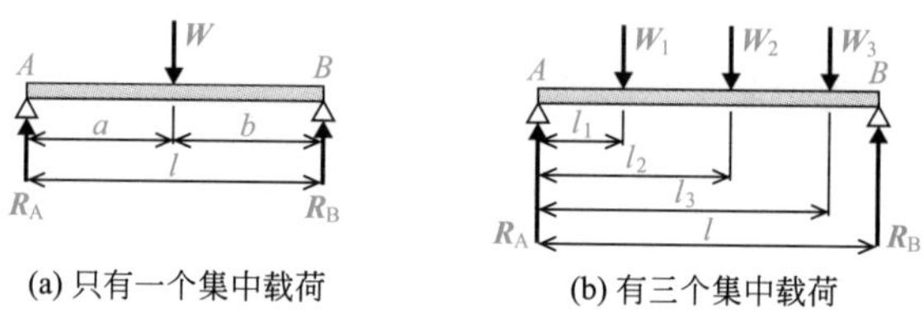

(a) 只有一个集中载荷　　(b) 有三个集中载荷

图1.38　支点的反力

因为作用在梁上的载荷与反力之和为0，所以由合力为零的条件，有：

$$R_{\mathrm{A}}+R_{\mathrm{B}}-W=0$$

根据力矩和为零的条件，则可以求解出绕A点的力矩，有：

$$R_{\mathrm{B}}l-Wa=0$$

因此，得：

$$\left.\begin{aligned}R_{\mathrm{B}}&=\frac{Wa}{l}\\R_{\mathrm{A}}&=W-R_{\mathrm{B}}=W-\frac{Wa}{l}\end{aligned}\right\}\tag{1.26}$$

如图1.38（b）所示，当梁上有两个以上的集中载荷作用时，也能由平衡条件求解出反力。

这时的合力为：

$$R_{\mathrm{A}}+R_{\mathrm{B}}-W_1-W_2-W_3=0$$

考虑绕A点的力矩平衡，有：

$$R_{\mathrm{B}}l-W_1l_1-W_2l_2-W_3l_3=0$$

为此，反力的计算式为：

$$R_{\mathrm{B}}=\frac{W_1l_1+W_2l_2+W_3l_3}{l},\quad R_{\mathrm{A}}=W_1+W_2+W_3-R_{\mathrm{B}}\tag{1.27}$$

1.5 请求解出图1.39中的反力$\boldsymbol{R}_A$和$\boldsymbol{R}_B$的大小。

图1.39

解：由式（1.26），有：

$$R_B = \frac{200 \times 400}{600} = 133(\mathrm{N}),\quad R_A = 200 - 133 = 67\ (\mathrm{N})$$

（3）梁的剪切力和弯曲力矩

1）梁的剪切力

图1.40（a）是受到两个集中载荷作用的简支梁。

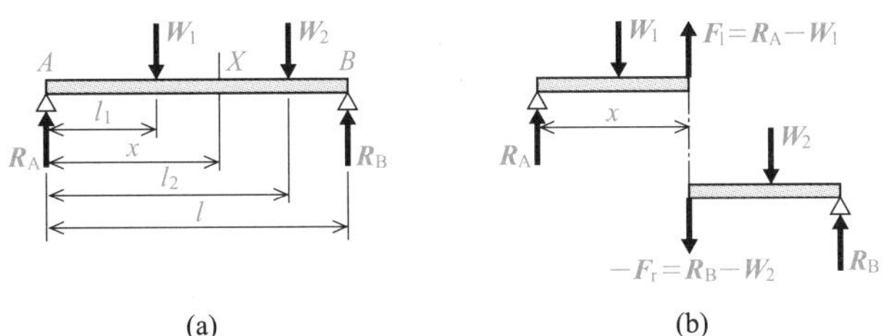

图1.40 梁的剪切力

如图1.40（b）所示，在距离A点为x的截面X中，若在截面的左侧和右侧所产生的力分别为$\boldsymbol{F}_l$和$\boldsymbol{F}_r$，则其大小为：

$$F_l = R_A - W_1$$
$$-F_r = R_B - W_2$$

截面的力$\boldsymbol{F}_l$和$\boldsymbol{F}_r$是大小相等、方向相反的。因为这种力的作用是要剪断梁，所以是剪切力。

在本书中，剪切面上作用的剪切力的正负号规定如图1.41所示。

图1.41　剪切力的正负号

因此，在图1.40（b）中的剪切力应是正。

2）**梁的弯矩**

在图1.42中，分析了在C点处的横截面上作用的弯曲力矩。设梁左侧的力矩大小为M_l，右侧的力矩大小为M_r，则有下式成立。

$$M_l = R_A l_1$$
$$M_r = R_B l_3 - W_2 l_2$$

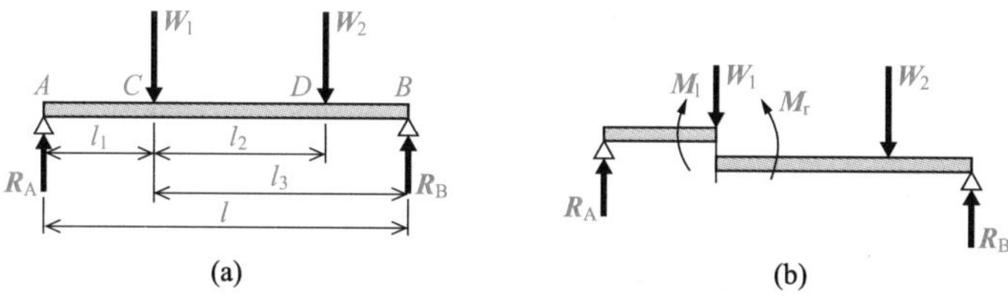

图1.42　梁的弯矩

因为梁是处于平衡状态，所以取梁的任何断面，弯曲力矩之和都是相等的，即有以下的关系成立。

$$M_l = M_r$$
$$R_A l_1 = R_B l_3 - W_2 l_2$$

由于梁的各断面所作用的力矩都是要使梁弯曲的，因此称为弯矩。当分析各断面的弯矩大小时，规定了弯矩的正负号，如图1.43所示。

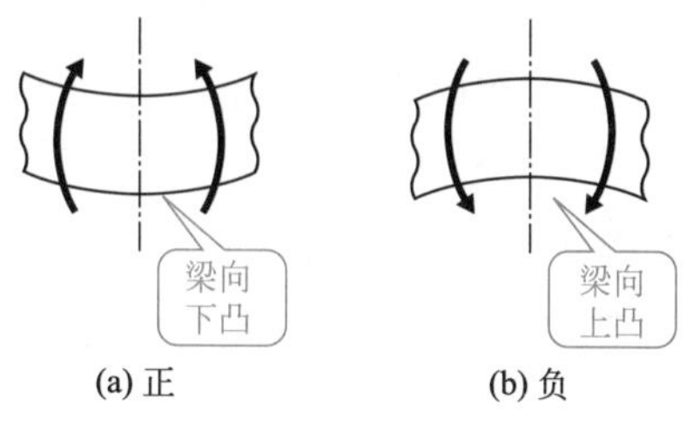

图1.43　弯矩的正负号

(4) 剪力图和弯矩图

分别表示剪切力和弯矩在整个梁中分布情况的图，称为剪力图和弯矩图。

1）承受集中载荷作用的悬臂梁

① 剪力图　如图1.44所示，距离梁的右端x的某一断面X上的剪切力大小F_x为：

$$x=0 \quad F_0=W$$
$$x \quad F_x=W$$
$$x=l \quad F_l=W$$

因此，剪力图如图1.44（b）所示。

② 弯矩图

$$x=0 \quad M_0=0$$
$$x \quad M_x=-Wx$$
$$x=l \quad M_l=-Wl$$

因此，弯矩图如图1.44（c）所示。

2）承受集中载荷作用的简支梁

① 反力　承受集中载荷作用的简支梁的反力大小［图1.45（a）］为

$$R_A=\frac{Wb}{l}, \quad R_B=\frac{Wa}{l}$$

② 剪力图　如图1.45（a）所示，距离梁的右端x的某一断面X上的剪切力大小F_x

在BC区间内，$F_x=F_{BC}=-R_B$

在CA区间内，$F_x=F_{CA}=W-R_B=R_A$

因此，剪力图如图1.45（b）所示。

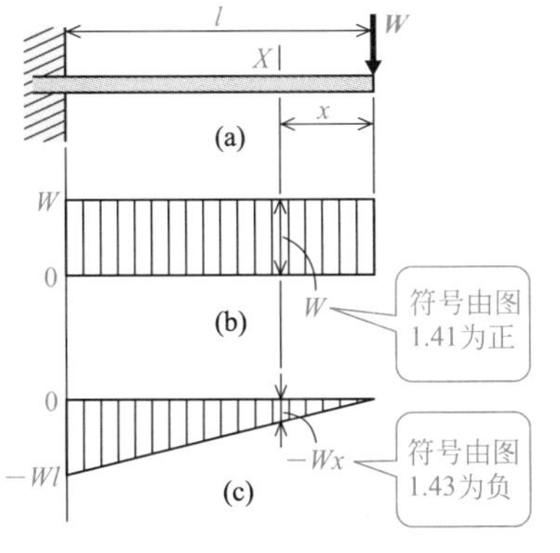

图1.44　悬臂梁的剪力图和弯矩图

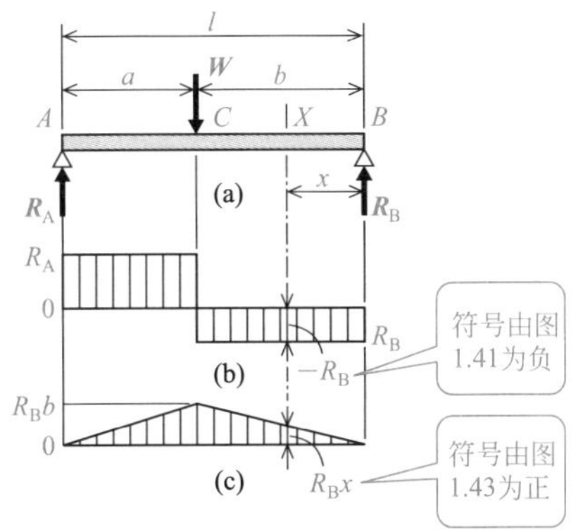

图1.45　简支梁的剪力图和弯矩图

③ 弯矩图

$$x=0 \quad M_B=0$$
$$x=b \quad M_b=R_B b$$
$$x=l \quad M_l=0$$

因此，弯矩图如图1.45（c）所示。

1.6 在图1.46中，请求解出反力R_A和R_B以及断面C上的剪切力F_C、弯曲力矩M_C。

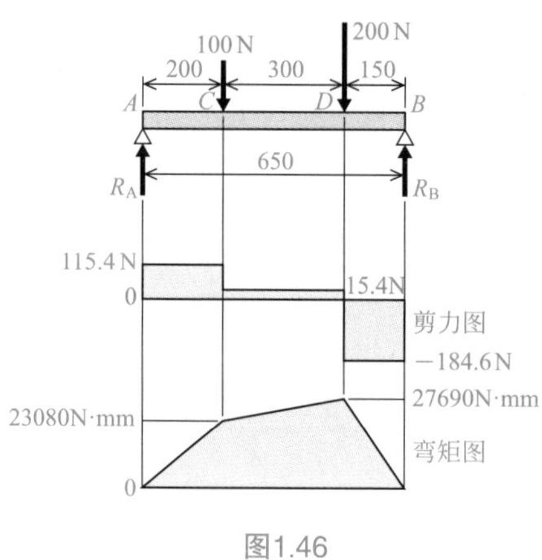

图1.46

解：

① 反力

$$R_B=\frac{100\times200+200\times500}{650}=184.6\ (\text{N})$$
$$R_A=100+200-184.6=115.4\ (\text{N})$$

② 剪切力　断面C的剪切力

$$F_C=-R_B+200+100=115.4\ (\text{N})$$

③ 弯曲力矩　断面C的弯曲力矩

$$M_C=R_A\times200=115.4\times200=23080\ (\text{N}\cdot\text{mm})$$

其剪力图、弯矩图如图1.46所示。

（5）弯曲应力和抗弯截面模量

1）弯曲应力

图1.47（a）表示的是两端支撑的简支梁。长方形*ABCD*是位于梁的中心附近且以*EF*为中线的矩形。当在梁上施加载荷*W*时，如图1.47（b）所示，长方形*ABCD*变形为*A'B'C'D'*。这就是说，*AD*侧被压缩变成*A'D'*，*BC*侧被拉伸变成*B'C'*。此时，在*A'D'*侧产生了压应力，而在*B'C'*侧则产生了拉应力。通过这样的弯曲作用，在梁的内部产生的压应力和拉应力统称为**弯曲应力**。

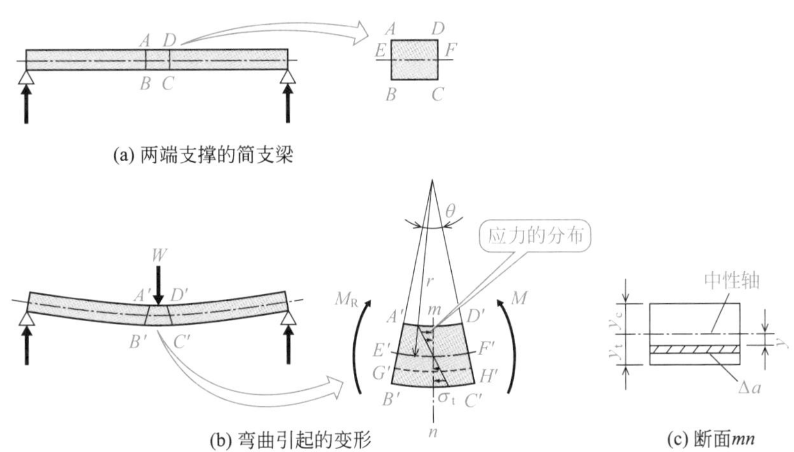

图1.47 简支梁的弯曲

由于梁从*A'D'*侧的压缩到*B'C'*侧的拉伸是连续变化的，因此当截取截面*mn*时，在截面的上部作用有向右推动截面的应力，在截面的下部作用有向左拉动截面的应力，在中间部位存在着既不受拉也不受压的**中性层**。在*A'B'C'D'*平面中包含中性层的*E'F'*线称为**中性轴**。

如图1.47（c）所示，设与中性轴距离y处的长度为*G'H'*，这部分的应变为ε，用E表示弹性模量的话，则有：

$$\varepsilon = \frac{G'H' - E'F'}{E'F'} = \frac{(r+y)\theta - r\theta}{r\theta} = \frac{y}{r} \tag{1.28a}$$

$$\sigma = E\varepsilon = E\frac{y}{r} \tag{1.28b}$$

假设在距中性轴的距离y处产生的应力是σ，则在该部分的微小区域Δa中产生的内力是$\sigma\Delta a$，该内力围绕中性轴的力矩ΔM_R为：

$$\Delta M_R = \sigma \Delta a y$$

沿着整体梁的截面，求弯曲力矩的话，就有：

$$M=\sum\sigma\Delta ay \tag{1.28c}$$

ΔM_R是由内力产生的弯矩，称为**内力偶矩**。梁的整个横截面产生的内力偶矩M_R与作用在梁上的弯矩M相平衡，因此，有：

$$M_R=\sum\sigma\Delta ay=M \tag{1.28d}$$

将式（1.28b）代入式（1.28d），得：

$$M_R=\sum\sigma\Delta ay=\sum E\frac{y}{r}\Delta ay=\frac{E}{r}\sum y^2\Delta a=M \tag{1.28e}$$

2）横截面的惯性矩和抗弯截面模量

在式（1.28e）中的$\sum y^2\Delta a$取决于横截面的形状与中性轴的位置，称为**横截面的惯性矩**，用I表示。式（1.28e）表示成下式。

$$M=\frac{E}{r}I=\frac{\sigma}{y}I \tag{1.28f}$$

由于y是距中性层的距离，如果拉伸侧的边缘应力为σ_t和到边缘的距离为y_t的话，则等式（1.28f）变换为下式。

$$M=\frac{\sigma_t}{y_t}I \tag{1.28g}$$

同样地，如果压缩侧的边缘应力为σ_c和到边缘的距离为y_c，则等式（1.28f）变换为下式。

$$M=\frac{\sigma_c}{y_c}I \tag{1.28h}$$

另外，I/y_t、I/y_c也是由断面确定的定值，称为**抗弯截面模量**，如果用Z_t和Z_c表示，式（1.28g）、式（1.28h）就变成下式。

$$M=\sigma_t Z_t=\sigma_c Z_c$$

归纳这种边缘的应力σ_t和σ_c，当用弯曲应力σ_b表示时，就能得到下面的式子。

$$M=\sigma_b Z \tag{1.29}$$

在这里，I和Z的值与材料的材质无关，只取决于横截面的形状和尺寸以及中性轴的位置。如果横截面积为A，横截面的惯性矩为I，抗弯截面模量为Z，典型截面的A、I、Z值如表1.4所示。

表1.4 典型几何截面的A、I、Z

序号	截面 /mm	A/mm^2	I/mm^4	Z/mm^3
1	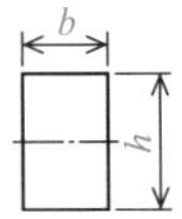	bh	$\frac{1}{12}bh^3$	$\frac{1}{6}bh^2$
2	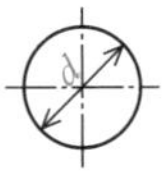	$\frac{1}{4}\pi d^2$	$\frac{\pi}{64}d^4$	$\frac{\pi}{32}d^3$
3		$\frac{\pi}{4}(d_2^2-d_1^2)$	$\frac{\pi}{64}(d_2^4-d_1^4)$	$\frac{\pi}{32}\times\frac{d_2^4-d_1^4}{d_2}$

当已知材料的弯曲应力和最大弯矩时，由式（1.29）和表1.4，就能够确定横截面的几何形状。

1.7 梁的抗弯截面模量为4×10^4mm^3，当其承受的弯矩为5×10^6 N·mm时，弯曲应力是多少？

解：

由$\sigma_b=\frac{M}{Z}$，得：

$$\sigma_b=\frac{5\times10^6}{4\times10^4}=125\ (\text{N/mm}^2)=125\text{MPa}$$

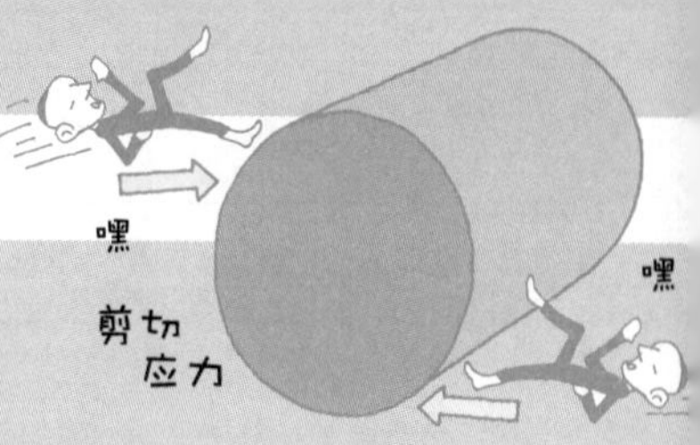

1.9 扭转与扭转应力

扭转应力实际就是剪切应力

❶ 在垂直于杆的轴线的平面内向杆的两端或者一端被固定的杆的另一端施加力偶，杆就绕轴线被扭转，并在横截面内产生剪切应力。
❷ 这种现象称为扭转，施加的力偶称为扭矩，产生的应力称为扭转应力。

(1) 圆杆的扭转

图1.48（a）示出了长度为l、直径为$d=2r$的圆杆左端被固定，在右端施加扭矩$T=WL$的状态。有这种扭矩作用的杆通常称为**轴**。

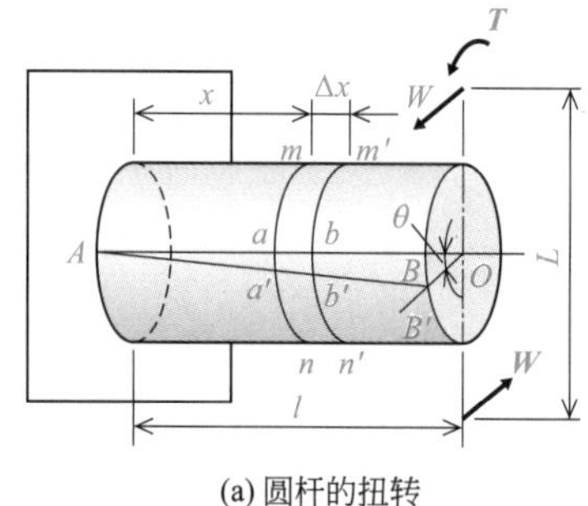

(a) 圆杆的扭转

(b) 微小长度单元Δx的截面放大

图1.48 圆杆的扭转

轴上的母线AB被扭曲成曲线AB'，右端面相对于固定面旋转的角度为$\angle BOB'=\theta$。这一角度θ称为相对于长度l的**扭转角**。

图1.48（b）表示了图1.48（a）中的截面mn和相距Δx的截面$m'n'$之间的相对移动。变形后的母线ab变成$a'b'$。如果从a点作平行于ab的直线$a'b''$，则$a'b'$和$a'b''$之间产生微小的偏移角度ϕ。当$\Delta\theta$设为这一横截面的扭转角时，则剪切应变γ表示为如下的形式。

$$\gamma=\tan\phi=\frac{b'b''}{a'b''}=\frac{r\Delta\theta}{\Delta x} \tag{1.30}$$

式中，$\Delta\theta/\Delta x$在轴的整个长度上是恒定的值，并且等于轴端的扭转角θ与轴的长度l的比值。也就是说，以下表达式成立。

$$\gamma=\frac{r\Delta\theta}{\Delta x}=\frac{r\theta}{l} \tag{1.31}$$

当设剪切应力为τ、材料的剪切弹性模量为G时，由式（1.24），得：

$$\tau = G\gamma = G\frac{r\theta}{l} \tag{1.32}$$

式中，τ为直径d的轴上所产生的剪切应力。由于这种剪切应力是通过扭转而产生的，因此它们也被称为**扭转应力**。当不存在混淆时，最大剪切应力简称为扭转应力。

（2）扭转应力和横截面的极惯性矩

如图1.49所示，当在轴上施加扭矩T时，在轴上的任意垂直于轴线的横截面内都会产生抵抗扭矩T的扭转应力。假设由应力引起的力矩为T'，因为轴在扭曲的状态下处于平衡，所以T'和所施加的扭矩T大小相等、方向相反。这种由应力引起的力矩T'称为**内力扭矩**。

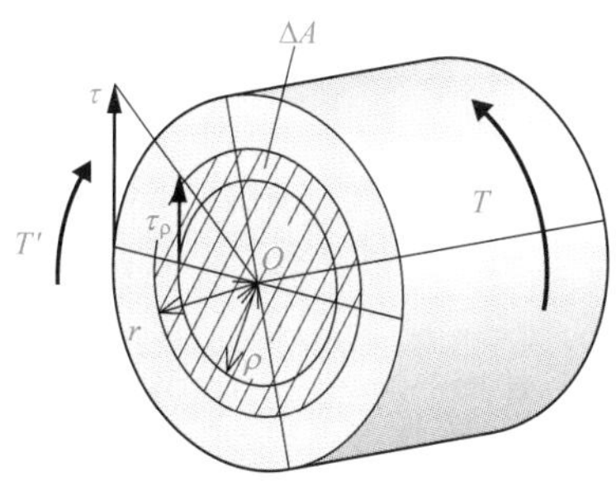

图1.49　内力扭矩

在图1.49中，当设半径为r的轴的表面应力为τ、在轴内任意取的半径ρ的部位应力为τ_ρ时，由于应力的大小与半径成正比，则有：

$$\frac{\tau_\rho}{\tau} = \frac{\rho}{r} \qquad \tau_\rho = \frac{\rho}{r}\tau \tag{1.33}$$

在微小的横截面ΔA上，由内应力τ_ρ产生的内力扭矩$\Delta T'$为：

$$\Delta T' = \tau_\rho \Delta A \rho = \frac{\rho}{r}\tau \Delta A \rho = \frac{\tau}{r}\Delta A \rho^2$$

在从中心点O到半径r处的整个横截面求内力扭矩T'，则有：

$$T' = \sum \Delta T' = \sum \frac{\tau}{r}\Delta A \rho^2 = \frac{\tau}{r}\sum \Delta A \rho^2 \tag{1.34}$$

$I_p = \sum \Delta A \rho^2$，则式（1.33）变成：

$$T' = \frac{\tau}{r} I_p \tag{1.35}$$

式中，I_p为**横截面的极惯性矩**，它同在梁中所学的横截面的惯性矩一样，由横截面的形状决定。

另外，由于T和T'是大小相等、方向相反的，则有：

$$T = \frac{\tau}{r} I_p = \tau Z_p \tag{1.36}$$

式中，$I_p/r = Z_p$为**抗扭截面模量**，是由截面的形状决定的值。

对于直径为d的圆柱轴以及外径为d_2、内径为d_1的中空轴，其I_p和Z_p分别用下式表示。

$$\left.\begin{array}{l} \text{圆柱轴（圆形截面）} I_p = \frac{\pi}{32} d^4, \ Z_p = \frac{\pi}{16} d^3 \\ \text{中空轴（中空截面）} I_p = \frac{\pi}{32}\left(d_2^4 - d_1^4\right), \ Z_p = \frac{\pi}{16} \times \frac{d_2^4 - d_1^4}{d_2} \end{array}\right\} \tag{1.37}$$

扭转角度θ由式（1.32）、式（1.36）求得，结果如下：

$$\left.\begin{array}{ll} \theta = \frac{\tau l}{Gr} = \frac{Tl}{GI_p} & \text{(rad)} \\ \theta = \frac{Tl}{GI_p} \times \frac{360^\circ}{2\pi} & (^\circ) \end{array}\right\} \tag{1.38}$$

由式（1.37）可知，如果Tl是一定值，则GI_p越大，扭转角度θ就越小。这一GI_p称为**轴的扭转刚度**。

专栏　机械材料

构成机器和设备的零件所使用的材料称为机械材料。

在机械材料中，由于使用的目的不同而有各种不同的种类，通常根据它们的性质可分为金属材料和非金属材料。金属材料通常具有金属光泽，是良好的热和电的导体，具有能拉伸或能弯曲的延展性。而且，由于加热会熔化，所以容易制造成各种形状。

金属材料又可分为钢铁材料和有色金属材料，但最常用的金属材料是钢材。其中，铁（Fe）和碳（C）的合金所构成的碳钢易于获得，通常用作机械材料使用，如一般的结构用轧制钢材（典型的有SS400等）和机械结构用碳钢（典型的有S20C等）。碳含量为0.2%或更低的碳钢称为低碳钢，主要用于螺栓和螺母等，以及钢结构、钢筋、型材等。另外，碳含量为0.4%或更高的高碳钢经常用作轴的材料。铸铁是碳含量在2.0%以上的合金，具有比碳钢铸造性更好的优点，但由于其拉伸强度和韧性等力学性能较差，限制了其使用范围。

在有色金属材料中，铝（Al）是仅次于铁而广泛使用的材料。铝的密度为$2.7\times10^3kg/m^3$，轻至铁重量的1/3，具有购置方便、容易加工的特点。硬铝是通过在铝（Al）中添加铜（Cu）、镁（Mg）等而得到的铝合金，广泛应用于飞机机身、汽车、建筑材料等。铜（Cu）是热和电的良导体，容易加工，对大气、淡水、海水等具有优异的耐蚀性。黄铜是由铜（Cu）和锌（Zn）组成的合金，用于各种机械零件。非金属材料包括塑料和陶瓷等。

我们必须了解这些机械材料的物理性质、力学性能等，并在适当的场所进行应用。

1.10 尺寸效应与应力集中

啪

牙签

局部的较大的力

应力集中是由不合理的截面变化造成的

要点

在机械构件中，如果有孔洞、切口、沟槽等造成截面不连续或者急剧变化，在其附近则可能会产生较大的局部应力，这称为应力集中。

（1）尺寸效应

通常，材质相同且几何形状相似的材料在相似载荷作用下，应该表现出相同的力学性能（屈服强度、拉伸强度、伸长率等）。但是，严格地说，这种相似性的规律并不成立。这称为**尺寸效应**。

在拉伸试验中，随着尺寸的增加，力学性能一般都会降低，并且拉伸强度和延长率都会减小。

尺寸效应对于表面光滑试样的静态拉伸或压缩几乎没有影响。但当试样存在缺口时，在交变载荷，尤其是在扭转载荷或弯曲载荷的作用下，其疲劳强度降低且脆性增加。

例如，ϕ100mm轴的旋转弯曲疲劳强度显著降低至ϕ10mm轴的75%～93%。因此，将小尺寸的测试结果直接应用在大尺寸上是危险的。

在许多情况下，采用JIS标准中规定的诸多数据作为设计应力，而机器即使在实际应用上也能产生相同的强度，但设计人员应该牢记这个值只是一个指导值。换一句话说，由于标准试样的直径或厚度尺寸大多数情况下在25mm或以下，因此标准值仅适用于低于该尺寸的材料的强度。

（2）应力集中系数

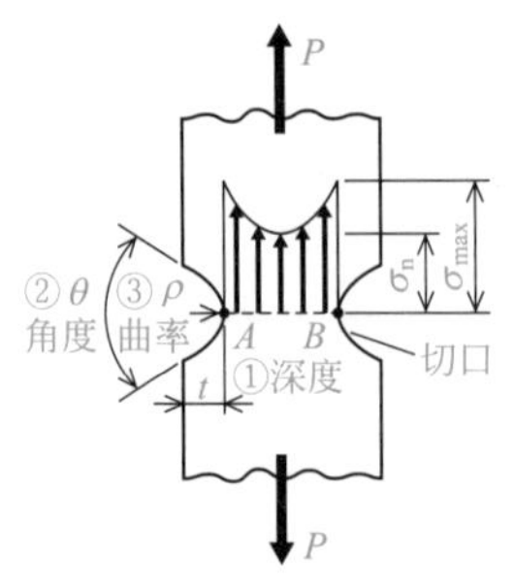

图1.50　切口引起的应力集中

当在具有切口的厚度和宽度都均匀的板带的长度方向施加拉伸载荷P时，板带颈部产生的应力分布如图1.50所示。

现在，假设没有应力集中，将A—B截面的平均应力表示为σ_n，将应力集中引起的最大应力表示为σ_{max}，应力集中程度用**形状系数**

或应力集中系数α表示，则有

$$\alpha = \frac{\sigma_{\max}}{\sigma_{\mathrm{n}}} \tag{1.39}$$

应力集中具有下述特征。

① 切口的深度t越深，应力集中越大。

② 切口的角度θ越小，应力集中越大。

③ 切口底部的曲率半径ρ越小，应力集中越大。

在韧性材料中，即使是由于静载荷引起的应力集中局部超过材料的弹性极限，该部分材料也会因出现塑性变形而导致加工硬化或残余应力产生，使得应力梯度得到缓解。然而，当脆性材料或者交变载荷作用时，构件会出现细小的裂缝，致使应力集中效应越来越大，并最终导致断裂。

（3）降低应力集中系数的措施

降低应力集中采用的是提高疲劳强度的措施，即如图1.51所示的方法。

① 横截面的连续变化：阶梯部位用圆弧过渡，缓和曲率变化。

② 增加缺陷的数量：在靠近缺陷的位置增添第二、第三缺陷，可以减少缺陷对于应力变化的影响，使应力的变化梯度得到缓和。

③ 缺陷部位的强化：用附加材料加强缺陷部位或者强化缺陷的部位，即通过轧辊滚压或喷丸处理等措施使其塑性变形，从而得到强化。

图1.51　阶梯轴的圆弧过渡

1.11 随时间变化的材料强度

随着时间的流逝，材料的强度也发生变化

材料的强度随时间变化的原因在于疲劳、蠕变、热疲劳、热冲击、腐蚀及磨损等。

(1) 材料的疲劳

当在构成机器的构件上连续作用有变化的载荷或者交变载荷时，尽管变化应力的最大值不超过材料的弹性极限，但在最大应力作用处的附近还是会产生微小裂纹，并且这一微小裂纹会逐渐发展和传播，最终会导致构件破裂。这种现象称为**材料疲劳**。

承受交变载荷的构件在一段时间之后发生破坏的原因可以说大部分是由材料的疲劳造成的。

因此，在进行机械设计时，必须特别注意材料的抗疲劳强度。

影响疲劳强度的原因有构件的材质、形状、尺寸、表面状况以及应力状态等，且这些因素之间相互作用，致使疲劳的实际情况极其复杂而难以掌握。因此，我们通过进行各种疲劳试验来研究材料的疲劳状况。

疲劳试验通常是在标准试件上施加循环应力，测量试样至断裂所施加的循环应力的次数。

(2) 蠕变

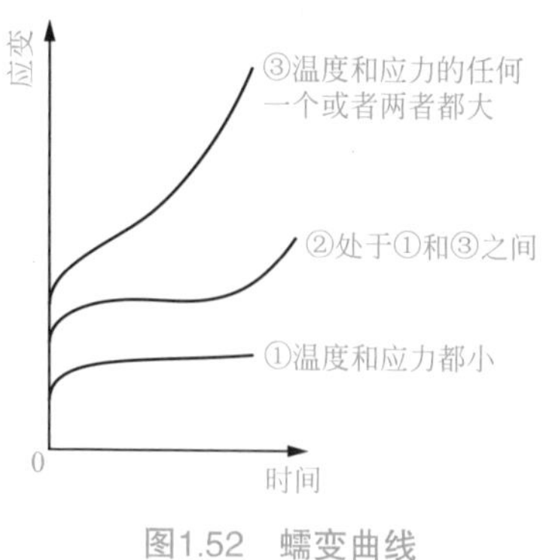

图1.52 蠕变曲线

当载荷长时间作用时，尽管应力是恒定的，但应变会随着时间延长而增加，这种现象称为**蠕变**，这种应变称为**蠕变应变**。

蠕变被认为是由应变所引起的硬化现象和由温度所引起的软化现象之间相互作用的结果，因此温度越高、应力越大，蠕变的进展越显著（图1.52）。

应变在某一温度和压力下不增加，这一最大应力称为该温度下的**蠕变极限**。

在高温下有较高的应力作用时，必须考虑由于蠕变的存在会引起破坏发生的可能性。

（3）热疲劳和热冲击

当机械构件的温度处在高低温之间循环变化时，在不能自如膨胀或收缩的场合，构件就会受到交变的热应力作用，出现疲劳现象。这种疲劳称为**热疲劳**。

另外，当机械构件的局部突然经历温度变化时，在构件中会产生较大的热应力。如果构件是由脆性材料制成，经过热应力的多次反复作用就有可能会发生破损。这种现象称为**热冲击**。

在反复进行机器的运转与停止操作中，当温度急剧变化或者出现温度差时，就有可能会发生由热疲劳或热冲击所引起的破坏，在设计过程中必须注意。

（4）腐蚀和磨损

机械材料处在腐蚀性的环境中当然会被腐蚀，即使在大气中有的也会发生腐蚀。

另外，在螺旋泵、水轮机的叶轮与导向叶片、螺旋桨等附近，容易发生气穴现象，这有可能会导致金属部件的腐蚀。

因为磨损也是经常发生的，所以相对于运动构件的接触部分、液体中含有泥沙的流体机械、轧辊、破碎机等不可能避免会发生磨损的。

磨损的结果会导致尺寸减小引起的强度降低、流体阻力的增加、功能与效率的降低、表面效应引起的疲劳等，这些使机器的价值受到了损失。

在这些情况下，我们从耐磨性、耐蚀性、硬度以及韧性等角度来选择材料，或者采用功能劣化时易于更换部件的结构。

1.12 许用应力与安全系数

许用应力是能够安全使用材料的设计值

采用安全系数之后，交货就能安心了。

Tolerance level SAFETY

要点

当基于材料的强度来确定构件的形状时，从机械可靠性的观点来看，许用应力和安全系数是必需的。

(1) 许用应力

在构件的设计中，必须首先阐明构件在强度上是安全的以及能够承受使用的极限状态。然而，由于材料损坏涉及的因素很多，并且机器的机构也根据负载状态有所差异，因此，根据实际使用构件的目的不同，安全的极限状态也有所不同。

通常，在简单的拉伸或压缩的静载作用场合，构件会出现弹性破损，即发生屈服就认为构件破损，并且屈服应力或者弹性极限应力被作为安全的极限点。

除此以外，将以下值设置为不同断裂机制（如循环载荷、蠕变以及细长杆等）下许用应力的极限值。

① 当静载荷在室温下，作用于韧性材料时，许用应力是屈服强度或者弹性极限应力。

② 当静载荷在常温下，作用于脆性材料时，许用应力是强度极限。

③ 在高温下，长时间施加静载荷时，许用应力是蠕变极限。

④ 当循环载荷作用时，许用应力是疲劳强度。

⑤ 细长杆受到压力时，许用应力是临界压力。

这些许用应力也会受到以下因素的影响。

- 材料的力学性能；
- 加工工艺、热处理、表面硬化、表面状况；
- 形状、尺寸、缺陷、孔洞；
- 载荷状态（拉伸、压缩、弯曲、扭曲、组合变形，以及循环载荷的平均应力、应力幅度）；
- 环境（温度、腐蚀）。

在计算构件的强度时，构件的安全极限值，即构件的最薄弱部分不发生破损能够给出的最大应力，称为**许用应力**。

为了计算许用应力，计算基准的强度称为**基准强度**。

为了确保许用应力的准确性，希望将接近实际使用状态的安全极限作为基准强度。

（2）安全系数

即使将实物试验测量的安全极限视为基准强度，材料的强度、加工等也会有偏差。而且，在采用的基准强度的试验状态中，试验与实际的载荷状态之间的差异越大，不确定性就越大，其影响也越大。因此，考虑到这些影响因素，必须增加安全系数。为此，相对于基准强度计算的许用应力应该较小。基准强度σ^*与许用应力σ_a之间的比值称为**安全系数**S。

$$S=\frac{\sigma^*}{\sigma_a}\text{或者}\sigma_a=\frac{\sigma^*}{S} \tag{1.40}$$

然而，如果与强度有关的因素的影响在数值上明显，则需要对基准强度加以修正。

在进行强度计算时，施加在构件上最危险部位的应力称为**设计应力**，设计应力不得超过其许用应力。

根据所用材料和载荷条件来确定许用应力与安全系数是合理的。表1.5中给出了钢的许用应力的近似值，表1.6给出了拉伸强度作为基准强度时的安全系数。

表1.5　钢的许用应力　MPa

应力	载荷	低碳钢	中碳钢	铸铁
拉伸	a	88～147	117～176	29
	b	59～98	78～117	19
	c	29～49	39～59	10
压缩	a	88～147	117～176	88
	b	59～98	78～117	59
剪切	a	70～117	94～141	29
	b	47～88	62～94	19
	c	23～39	31～47	10

注：a—静载荷；b—单向循环载荷；c—交变循环载荷。

表1.6　用拉伸强度时的安全系数S

材料	静载荷	循环载荷		冲击载荷
		单向①	交变	
钢	3	5	8	12
铸铁	4	6	10	15

①表示应力只在一个方向上循环。

1.13 机械材料的加工方法

知道的越多，设计的思路越宽

制造机械零件的方法有铸造、焊接以及塑性成形等。

(1) 铸造、焊接、塑性成形

1）铸造

铸造是一种利用金属的可熔性，使金属的“熔液”流入与想制造的产品形状相同的中间空腔来制造产品的方法。在制作空腔时，使用的工具称为模具。铸造时具有中空的模具称为铸模，通过铸造制成的产品称为铸件。图1.53是铸造产品的实例。铸造能够制造出形状复杂的产品。

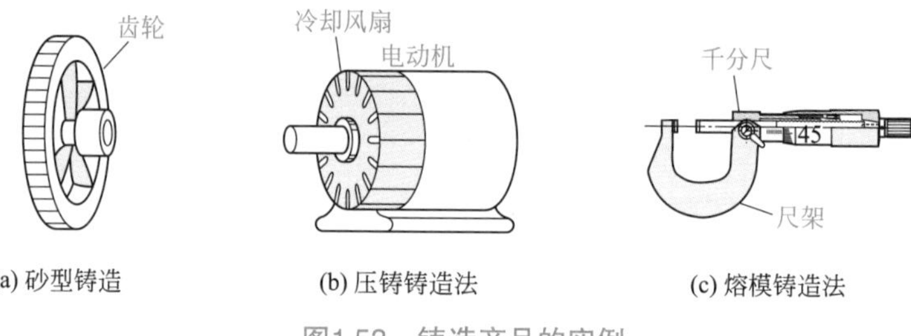

图1.53　铸造产品的实例

在设计方面，使用铸件时要记住的要点如下。

- 在熔液凝固时，要使铸件的壁厚均匀，以保持各部分的冷却速度一致。
- 铸件内外的角部都设置成圆角。
- 为了便于从模具中取出铸件，需要有拔模斜度。

2）焊接

焊接是将待连接的两个金属构件的连接部分加热到熔融状态或者半熔融状态而进行连接的一种方法。一方面，这种方法与螺栓等连接方法相比，具有减少工作量、节省材料、简化结构以及增加结构的密封性等优点。另一方面，由于构件被加热到熔融状态，因此存在材质变化、残余应力以及焊接缺陷等缺点，这在设计时必须留心注意。焊接产品的实例如图1.54所示。

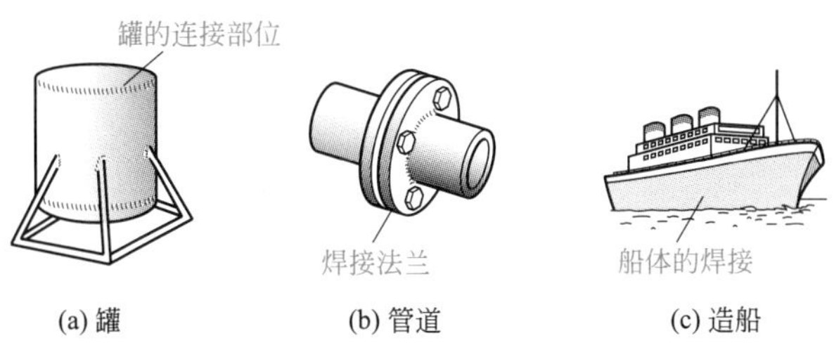

图1.54 焊接产品的实例

3）塑性成形

塑性成形是通过施加力使金属在塑性区域发生变形而制造出产品的一种加工方法，包括将材料装入金属模用压力机进行加压成形的模锻和使用模具与冲头进行冲压材料的冲压加工等。塑性成形加工速度快，适合于大规模生产。但是，金属模很贵。

（2）切削加工、磨削加工、特殊加工

1）切削加工

这是通过切削去除掉不需要的部分，从而将金属加工成所需要形状的一种方法，可与研磨一起使用，生产出尺寸精度高的产品。

2）磨削加工

这是用黏结剂等将比金属更硬的砂砾成形为圆板状的砂轮，使砂轮高速旋转磨削工件的磨削工艺，以及脱落砂粒混入加工液等的磨削加工方法。这种方法能够高精度地整修切削加工后的加工面。

3）特殊加工

这是一种使用电能、光能、电化学能等相对较新的加工方法，如电火花加工、激光加工等，广泛应用于硬质金属的加工、微细加工等。

切削、磨削、特殊加工的例子如图1.55所示。

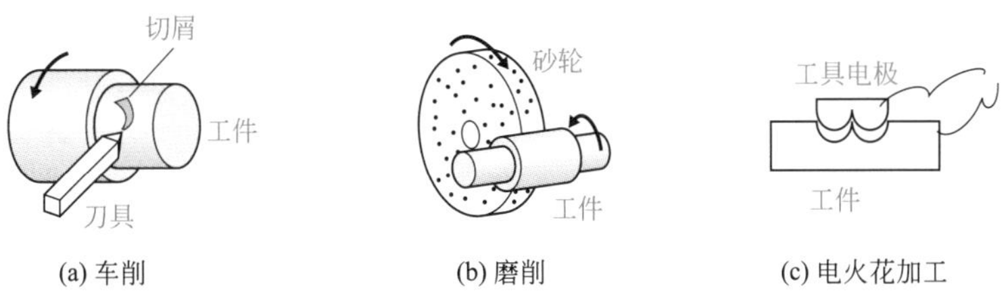

图1.55 切削、磨削、特殊加工的例子

1.14 产品设计与工程师道德

考虑产品的销售会给社会带来负面影响

要点

工程师道德是工程人员作为人应该遵守的底线。设计工程师应该遵守的道德准则是什么？

（1）产品设计

如图1.56所示，产品设计是基于设计说明书，从概念设计开始，而后进行基本设计到详细设计，再到为了生产制造的工艺设计，这并不仅限于机械设计。

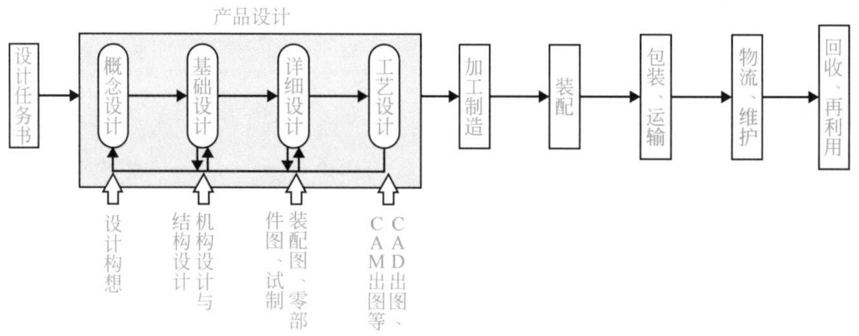

图1.56　产品设计流程

概念设计也称为构思设计，它以造型设计为主，决定了基本设计理念。基本设计称为机构设计或结构设计等，为了确定基本的机构和结构需要进行强度计算，CAD和CAE在各种类型的分析方面发挥着积极作用。对于详细设计，在创建装配图和零部件图，CAD还可以对完成的图纸进行验证。这时，通过试制样品来验证是否符合设计规范也很重要，在某些情况下，基础设计应返回并重新考虑。如果试制样品没有问题，就按产品的设计进入大规模生产的试制。在大规模生产中，主要是在廉价、保持性能的基础上，确定满足交付日期的材料和加工方法。在工艺设计中，将从CAD软件获得的零件数据转换为加工所需要的数据，生成用于制造的工艺设计的数据。

产品设计一旦完成，从CAD所获得的图纸和加工用的数据就被送到生产部门，制造出所需的产品。

这一系列的设计任务通常是由许多工程师分别承担的，涉及许多部门。

(2) 工程师道德

机械设计是从交通工具、建设机械、机床等的用途上进行构想，考虑采用机构来实现这一用途的一系列活动。在制造机器这一技术活动中，由于设计工程师从一开始就参与进来，所以与主要从事材料的调配、制造、流通、维护、回收、再利用等的工程师相比，设计工程师更需要考虑产品的整个生命周期。

自然，负责机械设计的设计工程师必须从将前所未有的新事物带到社会的角度来预测变化和对社会的影响，并负责防止不良影响。这就是工程师道德。

工程师道德要求，设计工程师不仅要诚实提供成品数据，不能夸大功能等，还要细心考虑使用该产品对人类健康造成的损害和对环境的影响，以及对人们生活的影响等。

专栏　产品的生命周期

产品的投入期是将产品投入市场，进入人们的视野，激起人们的购买欲望。如果产品销售不错，其他公司就会通过推出类似产品而产生竞争，产品将进入成长期。随产品的销售进展，迎来了产品的成熟期。因为产品的普及、顾客关注其他的产品以及市场需求趋向饱和等，顾客购买意愿下降，迎来衰退期。这些产品从诞生到衰退的周期称为产品的生命周期（图1.57）。

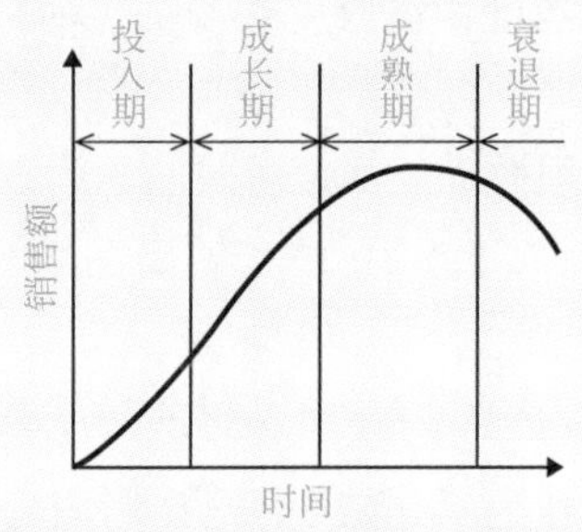

图1.57　产品的生命周期

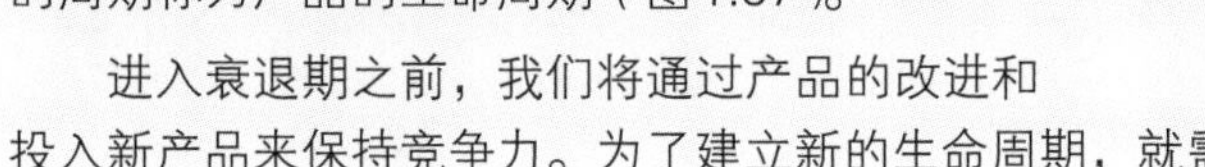

进入衰退期之前，我们将通过产品的改进和投入新产品来保持竞争力。为了建立新的生命周期，就需要新的产品创新。

习 题

习题1 求解要将重力500N的物体提升15m所需要的功。

习题2 在图1.21所示的滑轮组装置中，将1个动滑轮添加在定滑轮之前，组成有四个动滑轮的滑轮组，提升重量100N的货物。请求解出在定滑轮上拉绳索的力的大小。

习题3 通过施加1000N的力，使物体在4s内只被提升40m，请求解出功率。

习题4 如图1.26所示，当放置在水平面上的物体的重力为50N时，如果用平行于平面的16N力才能移动它，那么静摩擦因数是多少？另外，如图1.27所示，当该物体放置在斜面上时，请求解出它开始自然滑动时的倾斜角度。

习题5 当对横截面积为50mm^2、长度为5m的钢丝施加5kN的载荷时，可将其拉长2.5mm。请求解出钢丝的纵向弹性模量。

习题6 有一钢材的屈服强度为300MPa，将其屈服强度作为基准强度，设安全系数为3，请求解出许用应力σ_a。

第 2 章

连接及连接件

机器是由众多机械零部件组成的。为了使机器能正常运转，必须正确连接并固定这些机械零部件。紧固元件（连接件）就是用来连接并固定这些机械零部件的。

在本章中，我们介绍常用的螺纹连接，介绍不同类型螺纹连接的正确使用方法及其工作原理等。

另外，由于焊接具有减轻重量和提高密封性能等优点而被广泛使用，因此，我们还将讨论焊接接头，介绍焊接接头的类型和强度计算方法。

2.1 螺纹的基础知识

螺栓是成对使用的机械零件

❶ 螺栓是利用斜面作用的机械零件。
❷ 螺纹通常是右旋的（沿行进方向顺时针转动）。
❸ 通常是外螺纹和内螺纹成对使用的。

（1） 螺纹

如图2.1所示，将一直角三角形贴在直径为d的圆柱体外圆表面进行缠绕时，其斜边就在圆柱体表面绘制出一条曲线。这条曲线称为**螺旋线**，沿着这条曲线所形成的具有相同断面（断面形状诸如三角形、梯形、矩形、锯齿形等）的凸起和凹槽就是**螺纹**。另外，直角三角形底边与斜边的夹角θ称为**螺纹升角**。

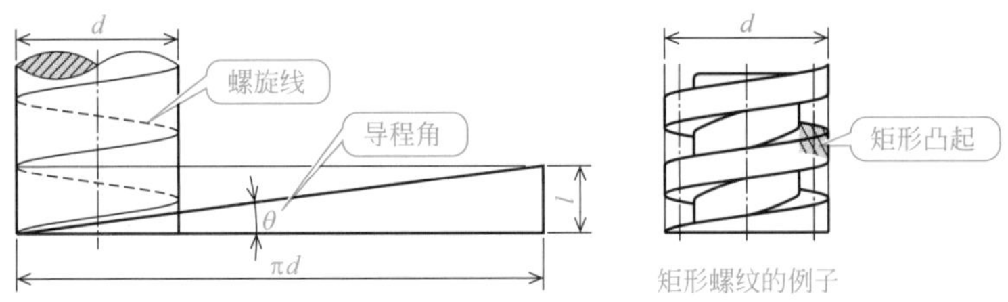

图2.1 螺旋线和螺纹升角

如图2.2所示，螺纹按螺旋线的方向不同分为**右旋螺纹**和**左旋螺纹**。常用的是顺时针旋转拧紧的右旋螺纹（特殊情况除外）。

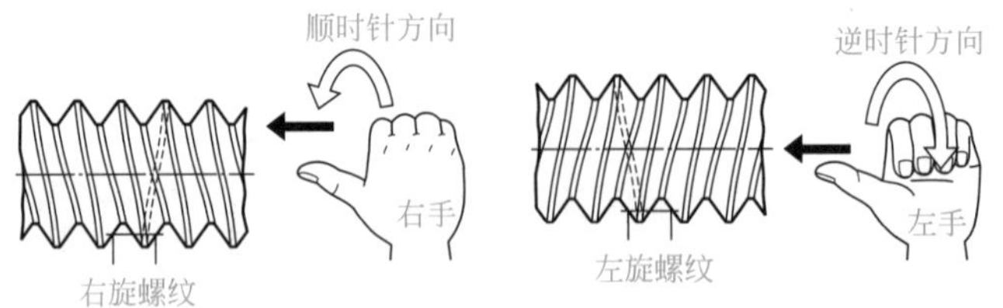

图2.2 螺纹的旋向

在螺纹断面上，有一条螺旋槽的称为**单头螺纹**，有两条以上螺旋槽的称为多头螺纹。相邻螺纹之间的距离称为**螺距**，沿螺旋槽旋转一周所前进的距离称为**导程**。因此，如果螺纹的头数为n且螺距为P，则导程L为：

$$L = nP \tag{2.1}$$

在单头螺纹中，导程等于螺距。

螺纹的头数越多，导程越大，螺纹旋转一圈沿轴向行进的距离就越大（图2.3）。

图2.3　螺纹的头数

（2）螺纹各部位的名称

在图2.4中，给出了螺纹各部位的名称。在圆柱体表面上形成凸起的称为**外螺纹**，而在孔的内侧形成凹槽的那些称为**内螺纹**，内、外螺纹要组合成对使用。外螺纹的大径与内螺纹的大径相等，外螺纹的小径与内螺纹的小径相等。

> 螺纹牙型：螺纹凸起的形状。
>
> 外螺纹的大径：与外螺纹牙顶相重合的假想圆柱的直径。螺纹的尺寸用外螺纹的大径表示，称为螺纹的**公称直径**。
>
> 外螺纹的小径：与外螺纹牙底相重合的假想圆柱的直径。
>
> 内螺纹的大径：与内螺纹牙根相重合的假想圆柱的直径。
>
> 内螺纹的小径：与内螺纹牙顶相重合的假想圆柱的直径。
>
> 螺纹有效直径（中径）：使得螺纹槽的宽度与螺纹牙的宽度相等的假想圆柱的直径。

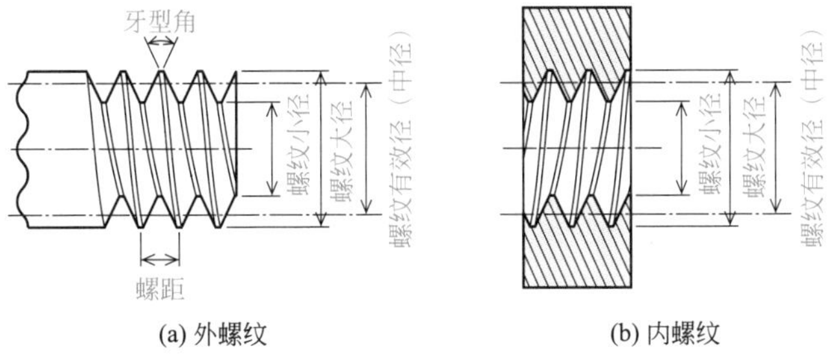

图2.4　外螺纹与内螺纹

2.2 螺纹的种类

根据用途选择不同螺纹牙型

❶ 三角形螺纹用于紧固，方形螺纹用于动力传递。
❷ 细牙螺纹用于精密零件，管螺纹用于密封连接。
❸ 利用螺距也能够进行位置的调整和测量。

螺纹的类型按照螺纹牙型的不同进行分类的话，有以下几种。

（1）三角形螺纹

螺纹的截面形状是三角形，摩擦阻力大，主要用于紧固。

1）**公制螺纹（普通螺纹）（粗牙螺纹/细牙螺纹）**

公制螺纹的螺纹牙型角为60°，用毫米（mm）表示外螺纹的外径（大径），称其为公称直径。相同直径的螺纹，可按照螺距的差异分为**粗牙螺纹**和**细牙螺纹**。粗牙螺纹主要用于一般的紧固，细牙螺纹的螺距较小，螺纹牙的高度低于粗牙螺纹，因此，适用于薄壁零部件的紧固以及位置调整等。此外，由于细牙螺纹的螺纹升角较小且比粗牙螺纹难于松弛，因此，它也适用于有振动部件的紧固（图2.5、表2.1）。

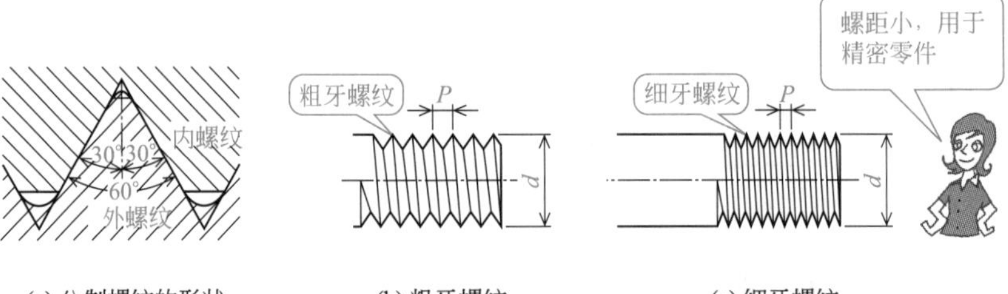

(a) 公制螺纹的形状　(b) 粗牙螺纹　(c) 细牙螺纹

图2.5　公制螺纹

2）**英制螺纹**

英制螺纹的螺纹牙型角为60°，用英寸（in）表示外螺纹的外径，称其为公称直径。它应用于飞机制造等（图2.6）。

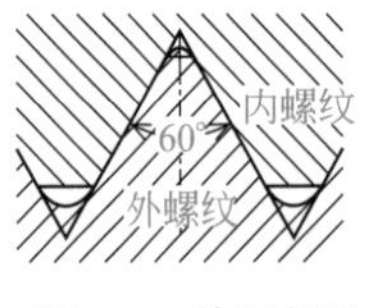

图2.6　英制螺纹

3）管螺纹

管螺纹的螺纹牙型角为55°，螺纹的螺距由每英寸（25.4 mm）上的牙数确定。螺距比常用的公制螺纹小。圆柱管螺纹用于连接管道、管道部件以及流体装置等。在螺纹连接部位有特殊密封要求时，使用圆锥管螺纹（图2.7）。

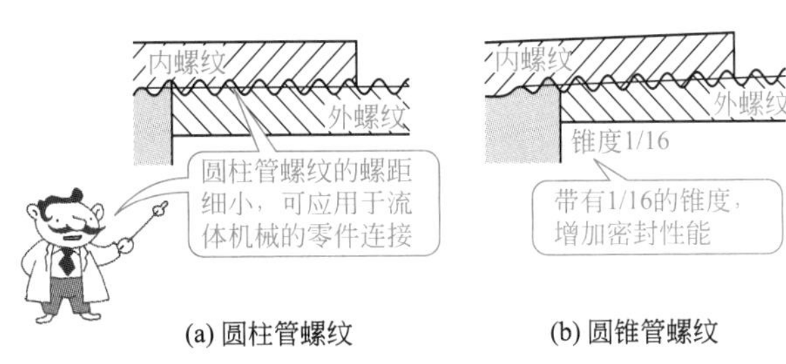

图2.7　管螺纹

（2）矩形螺纹

螺纹的截面形状是矩形，摩擦阻力比三角形螺纹小，主要用于传递动力，如在螺旋压力机、千斤顶等上使用（图2.8）。

（3）梯形螺纹

螺纹的截面形状为梯形，制造比矩形螺纹容易，强度较高，作为传递运动使用，应用于机床等的进给螺杆等（图2.9）。

（4）锯齿形螺纹

螺纹的截面形状为锯齿形，如老虎钳和千斤顶的螺杆等，作为动力传递的装置，只能向一个方向传递轴向力（图2.10）。

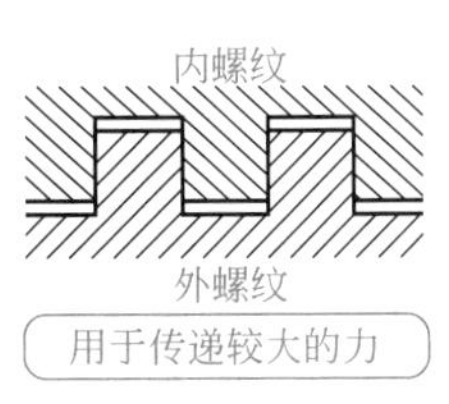

图2.8　矩形螺纹

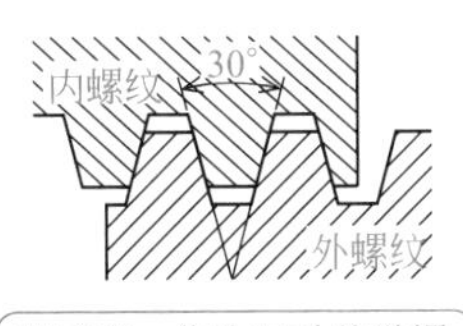

图2.9　梯形螺纹

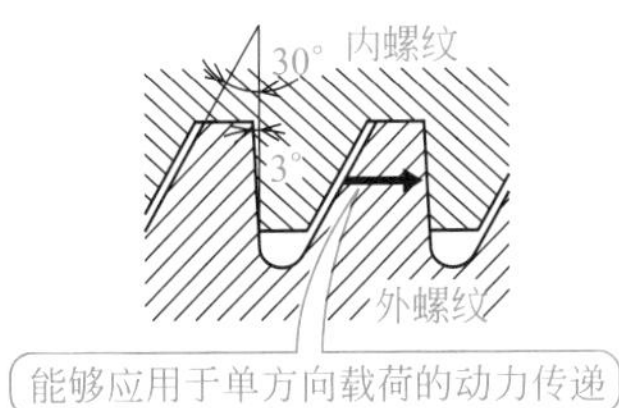

图2.10　锯齿形螺纹

（5） 圆形螺纹

螺纹的截面形状为圆形，它适用于有可能进垃圾或砂粒的地方，如灯泡的螺口、灯头座等（图2.11）。

（6） 滚珠丝杠

滚珠丝杠是大量的钢球成一列排在外螺纹和内螺纹之间的接触表面上，起到螺纹牙的作用。它与滑动接触的螺纹相比，摩擦力极小，因此，常应用于精密仪器或机器人等的进给移动螺杆或者机床控制装置的定位中（图2.12）。

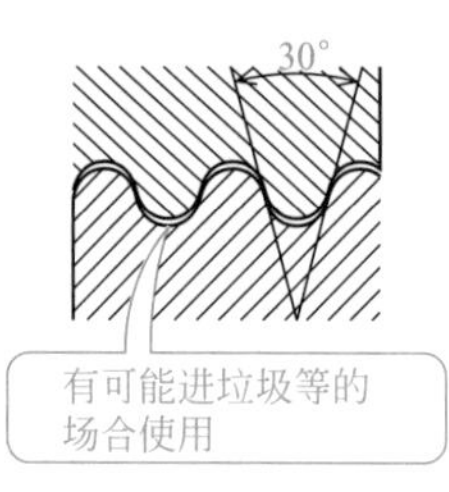

图2.11　圆形螺纹

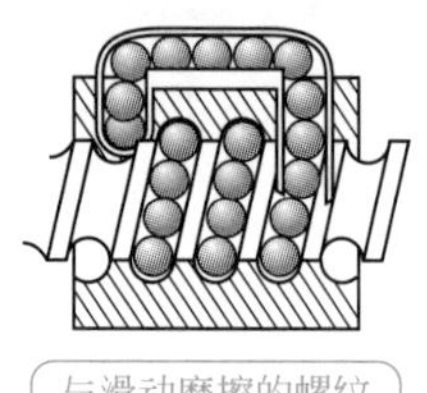

图2.12　滚珠丝杠

专栏　螺纹的表示方法

螺纹的表示方法有两种：螺纹特征代号　公称直径×螺距；每英寸（25.4mm）长度上的牙数。

分类方法	螺纹的种类		特征代号	标注示例
以毫米（mm）表示螺距的螺纹	普通螺纹	粗牙	M	M8
		细牙		M8×1
	梯形螺纹		Tr	Tr10×2
以牙数表示螺距的螺纹	螺纹密封的管螺纹	圆锥外螺纹	R	R3/4
		圆锥内螺纹	Rc	Rc3/4
		圆柱内螺纹	Rp	Rp3/4
	非螺纹密封的管螺纹		G	G1/2
	美制粗牙螺纹		UNC	3/8 － 16UNC
	美制细牙螺纹		UNF	No.8 － 36UNF

表 2.1 公制螺纹的基本尺寸（摘自日本标准 JIS B 0205）

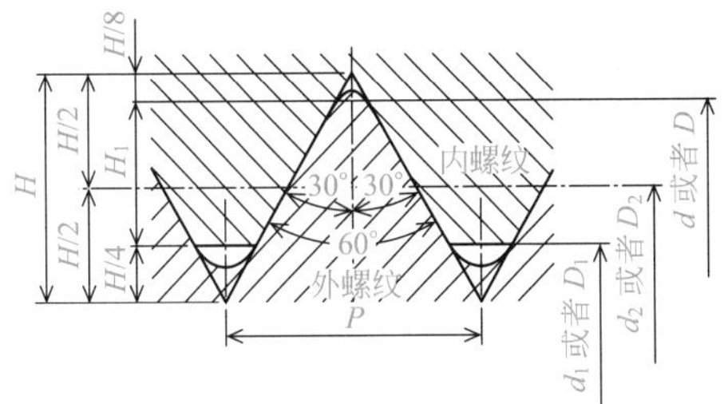

$H=0.866025P$
$H_1=0.541266P$
$d_2=d-0.649519P$
$d_1=d-1.082532P$
$D=d$公称直径（大径）
$D_2=d_2$有效直径（中径）
$D_1=d_1$

螺纹规格			普通螺纹的基本尺寸 /mm				
			螺距 P	接触高度（工作高度）H_1	内螺纹		
					大径 D	中径 D_2	小径 D_1
第 1 系列	第 2 系列	第 3 系列			外螺纹		
					大径 d	中径 d_2	小径 d_1
M3	M3.5		0.5	0.271	3	2.675	2.459
M4			0.6	0.325	3.5	3.11	2.85
			0.7	0.379	4	3.545	3.242
	M4.5		0.75	0.406	4.5	4.013	3.688
M5			0.8	0.433	5	4.48	4.134
M6			1	0.541	6	5.35	4.917
M8		M7	1	0.541	7	6.35	5.917
			1.25	0.677	8	7.188	6.647
		M9	1.25	0.677	9	8.188	7.647
M10			1.5	0.812	10	9.026	8.376
		M11	1.5	0.812	11	10.026	9.376
M12			1.75	0.947	12	10.863	10.106
	M14		2	1.083	14	12.701	11.835
M16			2	1.083	16	14.701	13.835
	M18		2.5	1.353	18	16.376	15.294
M20			2.5	1.353	20	18.376	17.294
	M22		2.5	1.353	22	20.376	19.294
M24			3	1.624	24	22.051	20.752
	M27		3	1.624	27	25.051	23.752
M30			3.5	1.894	30	27.727	26.211
	M33		3.5	1.894	33	30.727	29.211
M36			4	2.165	36	33.402	31.67
	M39		4	2.165	39	36.402	34.67
M42			4.5	2.436	42	39.077	37.129
	M45		4.5	2.436	45	42.077	40.129
M48			5	2.706	48	44.752	42.587
	M52		5	2.706	52	48.752	46.587
M56			5.5	2.977	56	52.428	50.046
	M60		5.5	2.977	60	56.428	54.046
M64			6	3.248	64	60.103	57.505
	M68		6	3.248	68	64.103	61.505

注：第1系列是优先选用的，按照需要依次选第2系列、第3系列。

2.3 螺纹的工作原理

螺钉是利用斜面作用力的机械零件

❶ 螺纹升角越小，拧紧所需的力越小。
❷ 在相同的螺纹升角下，三角形螺纹的摩擦力大于方形螺纹的摩擦力。

（1） 螺纹的受力

拧紧螺纹或者松开螺纹时螺纹的受力，可以从物体在斜面上的受力入手来进行分析。如图2.13（a）所示，拧紧螺纹时相当于水平力F沿斜面向上推动重量为W的物体。

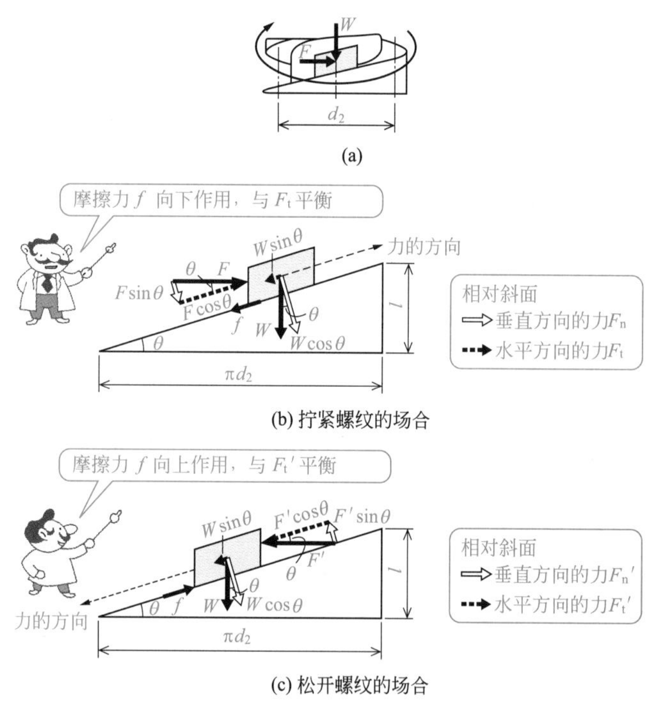

图2.13 作用在螺纹斜面上的力

在图2.13（b）中，设物体的重量为W(N)、水平方向的推力为F(N)，相对于斜面将力分为平行于斜面的力F_t和垂直于斜面的力F_n来考虑力平衡。

平行于斜面方向上的力：

$$F_t = F\cos\theta - W\sin\theta$$

垂直于斜面方向上的力：

$$F_n = F\sin\theta + W\cos\theta$$

平行于斜面的力将向上推动物体，但当摩擦力f作用在斜面上时，如果设摩擦因数为μ，则摩擦力$f=\mu\left(F\sin\theta+W\cos\theta\right)$将阻碍物体上升。求两力处于平衡状态时的水平力$F$，就有：

$$\begin{aligned}
&F_t = \mu F_n\\
&F\cos\theta - W\sin\theta = \mu(F\sin\theta + W\cos\theta)\\
&F\cos\theta - W\sin\theta = \mu F\sin\theta + \mu W\cos\theta\\
&F\cos\theta - \mu F\sin\theta = W\sin\theta + \mu W\cos\theta\\
&F(\cos\theta - \mu\sin\theta) = W(\sin\theta + \mu\cos\theta)\\
&F = W\frac{\sin\theta + \mu\cos\theta}{\cos\theta - \mu\sin\theta}
\end{aligned}$$

设摩擦角为ρ，将$\mu=\tan\rho$代入上式并除以$\cos\theta$，则有：

$$\begin{aligned}
F &= W\frac{\sin\theta + \tan\rho\cos\theta}{\cos\theta - \tan\rho\sin\theta} = W\frac{\tan\theta + \tan\rho}{1 - \tan\rho\tan\theta}\\
&= W\tan(\theta+\rho)\ \text{（和差角公式）}
\end{aligned} \tag{2.2}$$

螺纹升角θ越小，水平力F就越小，就能用较小的力拧紧螺纹。然而，当拧紧螺纹时，还是需要$F>W\tan\left(\theta+\rho\right)$的力。

另外，如图2.13（c）所示松开螺纹时，设物体的重量为W，沿斜面向下的推力为F'，与求力F同样地求力F'，就能获得如下结果。

平行于斜面方向上的力：

$$F_t' = F'\cos\theta + W\sin\theta$$

垂直于斜面方向上的力：

$$F_n' = W\cos\theta - F'\sin\theta$$

用平行于斜面的力向下推动物体，当在斜面上有摩擦力f作用时，如果设摩擦因数为μ，摩擦力$f=\mu\left(W\cos\theta-F'\sin\theta\right)$将阻碍物体运动，两力处于平衡状态。求这时的水平力$F'$，就有：

$$\begin{aligned}
&F_t' = \mu F_n'\\
&F'\cos\theta + W\sin\theta = \mu\left(W\cos\theta - F'\sin\theta\right)\\
&F'\cos\theta + W\sin\theta = \mu W\cos\theta - \mu F'\sin\theta\\
&F'\cos\theta + \mu F'\sin\theta = \mu W\cos\theta - W\sin\theta\\
&F'(\cos\theta + \mu\sin\theta) = W(\mu\cos\theta - \sin\theta)
\end{aligned}$$

$$F' = W\frac{\mu\cos\theta - \sin\theta}{\cos\theta + \mu\sin\theta}$$

设摩擦角为ρ，将$\mu = \tan\rho$代入上式并除以$\cos\theta$，则有：

$$F' = W\frac{\tan\rho\cos\theta - \sin\theta}{\cos\theta + \tan\rho\sin\theta} = W\frac{\tan\rho - \tan\theta}{1 + \tan\rho\tan\theta}$$
$$= W\tan(\rho - \theta) \qquad (2.3)$$

当松开螺纹时，需要$F' > W\tan(\rho - \theta)$的力。

在这种场合下，当$\theta > \rho$时，就有$F' < 0$，即使不施加作用力，螺纹也会自然松脱。因此，为了使拧紧的螺纹不松脱，需要$\theta \leqslant \rho$这一条件成立。

比较具有相同螺纹升角θ的三角形螺纹和矩形螺纹的松脱情况，就会发现摩擦力随螺纹角度变化。

在图2.14所示的三角形螺纹中，在螺纹牙型角为2α、载荷为W时，如果设接触面上的法向力为N，则有：

$$N = \frac{W}{2\cos\alpha} \qquad (2.4)$$

由此，摩擦力用下式表示。

$$f = 2\mu N = 2\mu\frac{W}{2\cos\alpha}$$
$$= \mu\frac{W}{\cos\alpha} \qquad (2.5)$$

因此，三角形螺纹与矩形螺纹相比，摩擦力增大到载荷W的$1/\cos\alpha$倍。由此可见，三角形螺纹与矩形螺纹相比，更不容易松脱；三角形螺纹适合紧固，矩形螺纹适合传递运动。

（2）螺纹的效率

下面，我们来分析当拧紧力矩施加到相互啮合的内螺纹和外螺纹中的任何一方，作用在另一方螺纹上的轴向力W做功时，螺纹的效率。

在图2.15中，当力F或者F'作用在螺纹的中径d_2上时，拧紧力矩T由下式表示。

$$T = \frac{d_2}{2}F = \frac{d_2}{2}W\tan\theta \qquad (2.6)$$

但是，实际上由于摩擦的存在，由式（2.2）得所需的拧紧力矩为：

$$T = \frac{d_2}{2}W\tan(\theta + \rho) \qquad (2.7)$$

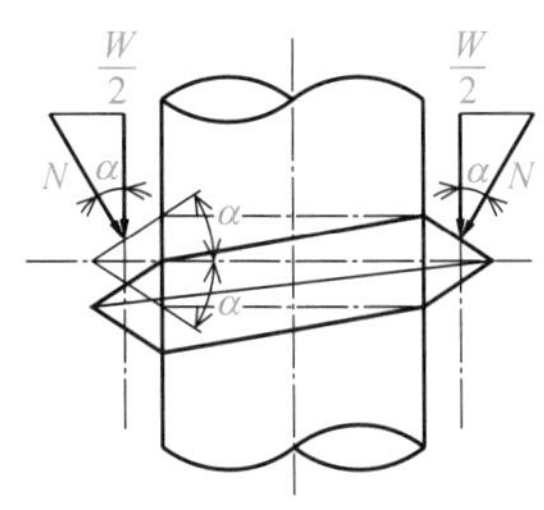

图2.14　三角形螺纹

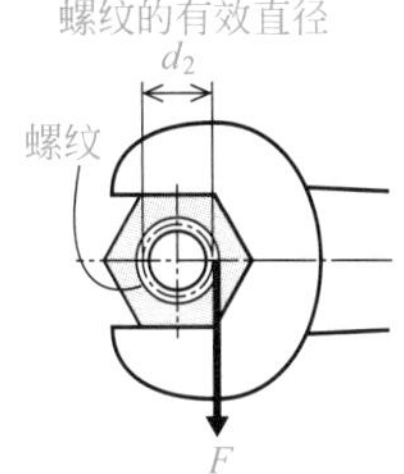

图2.15　螺纹的拧紧力矩

因此，螺纹的效率η用下式表示。

$$\eta=\frac{\frac{d_2}{2}W\tan\theta}{\frac{d_2}{2}W\tan(\theta+\rho)}=\frac{\tan\theta}{\tan(\theta+\rho)} \tag{2.8}$$

螺纹不自然松脱的条件是$\theta\leqslant\rho$。因此，如果我们用$\theta=\rho$计算螺纹效率，则式（2.8）就变为：

$$\eta=\frac{\tan\rho}{\tan(\rho+\rho)}=\frac{\tan\rho}{\tan 2\rho}=\frac{\tan\rho}{\frac{2\tan\rho}{1-\tan^2\rho}}=\frac{1}{2}-\frac{1}{2}\tan^2\rho<\frac{1}{2}$$

在这里，由于$\tan\rho$不为零，则有$\eta<0.5$成立。因此，螺纹不自然松脱条件下的螺纹效率在50%以下。

2.1　当螺纹的有效直径为40mm时，如果设螺距为6mm、螺纹面的摩擦因数为0.15，给出螺纹的效率。

解：

$$\tan\theta=\frac{p}{\pi d_2}=\frac{6}{\pi\times 40}=0.0477$$

螺纹升角：

$\theta=\arctan 0.0477=2.73^\circ$　得$\theta\approx 2^\circ 44'$

摩擦角：

$\rho=\arctan 0.15=8.53^\circ$　得$\rho\approx 8^\circ 32'$

由式（2.8）得螺纹的效率η为：

$$\eta=\frac{\tan\theta}{\tan(\theta+\rho)}=\frac{\tan 2^\circ 44'}{\tan(2^\circ 44'+8^\circ 32')}\times 100=23.9\%$$

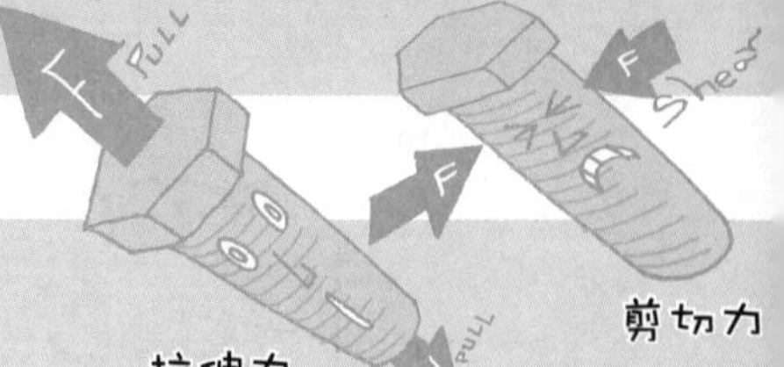

2.4 螺栓的设计

在螺栓的设计中要考虑载荷的类型

❶ 在螺栓的轴向上施加拉伸载荷。
❷ 在螺栓轴的垂直方向上施加剪切载荷。
❸ 确定螺纹旋合长度时需要考虑接触面上的压力。

（1） 螺栓的直径

在设计螺栓时，要考虑载荷是如何作用在螺栓上，并以此计算确定螺栓的直径。

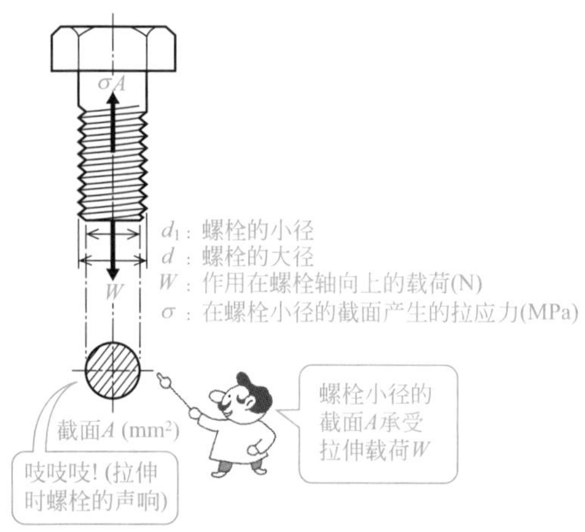

图2.16　承受轴向拉伸载荷的螺栓

1）承受轴向载荷的场合

如图2.16所示，当螺栓的轴向上作用有拉伸载荷W(N)时，最薄弱的是螺栓小径处，此处横截面积A(mm^2)最小，应力最大。假设螺栓的小径为d_1(mm)，通过下式能求解得到拉应力σ(MPa)和螺栓的拉伸载荷W。

$$\sigma = \frac{W}{A} = \frac{W}{\frac{\pi}{4}d_1^2}$$

$$W = \frac{\pi}{4}d_1^2\sigma$$

螺栓的粗细用螺栓的公称直径，即螺栓的外径d表示。通常，由于螺栓小径d_1与外径d之间有$d_1 \approx 0.8d$的比例关系，因此上式成为：

$$W = \frac{\pi}{4}(0.8d)^2\sigma \approx \frac{1}{2}d^2\sigma$$

螺栓的外径d利用螺栓小径截面产生的拉应力σ等于螺栓材料的许用拉应力σ_a（中国常用［σ］表示许用拉应力）这一条件求得，如下式所示。

$$d^2 = \frac{W}{\frac{1}{2}\sigma_a} = \frac{2W}{\sigma_a}$$

$$d = \sqrt{\frac{2W}{\sigma_a}} \tag{2.9}$$

通过上式求得的计算值是满足强度要求的、安全的螺栓的直径尺寸。螺栓的公称直径d(mm) 要通过表2.1选择确定，且要大于上述计算所得数值。

2.2 如图2.17所示，当使用吊钩悬挂50kN的载荷时，求解出吊钩的螺纹公称直径。这里，普通螺纹的许用应力为60MPa。

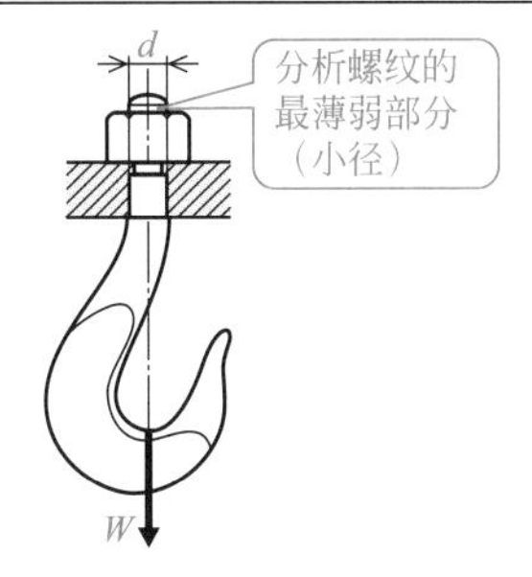

图2.17　吊钩

解：

$$W = 50\text{kN} = 50000\text{N}$$
$$\sigma_a = 60\text{MPa}$$

由式（2.9）代入数值计算，有：

$$d = \sqrt{\frac{2W}{\sigma_a}} = \sqrt{\frac{2 \times 50000}{60}} = 40.8\ (\text{mm})$$

对于一般用途的普通螺纹，查表2.1，选择公称直径42mm。

2）同时承受轴向载荷和扭转力矩的场合

当用扳手拧紧螺栓时，螺栓同时承受轴向载荷和扭转力矩。在这种情况下，可以认为扭转力矩所引起的应力为拉应力或者压应力的1/3，这样，以沿轴向作用有4/3倍的载荷进行计算。

在式（2.9）中将载荷W置换为$\frac{4}{3}W$，即可计算螺栓的直径尺寸。

$$d=\sqrt{\frac{2\times\frac{4}{3}W}{\sigma_a}}=\sqrt{\frac{8W}{3\sigma_a}} \quad (2.10)$$

2.3 在紧固螺栓上作用有6kN的载荷，螺栓的公称直径是多少？这里，普通螺栓的许用应力为60MPa。

解：

$$W = 6\text{kN} = 6000\text{N}$$
$$\sigma_a = 60\text{MPa}$$

由于紧固螺栓上不仅有轴向载荷作用，也存在扭转力矩作用，因此在式（2.10）中代入数值计算。

$$d=\sqrt{\frac{8W}{3\sigma_a}}=\sqrt{\frac{8\times 6000}{3\times 60}}=16.3\ (\text{mm})$$

从表2.1中选择比这一计算值大的普通螺栓，公称直径取为20mm。

3）承受剪切载荷的场合

如图2.18所示，当载荷作用在垂直于螺栓轴的方向上时，剪切力W(N)作用在螺栓的外径d(mm)所在截面并最终导致螺栓断裂。在这种情况下，假设螺栓中产生的剪切应力τ(MPa)等于材料的许用剪切应力τ_a(MPa)，则剪断截面的直径d能用与承受轴向载荷场合相同的方法求解得出。

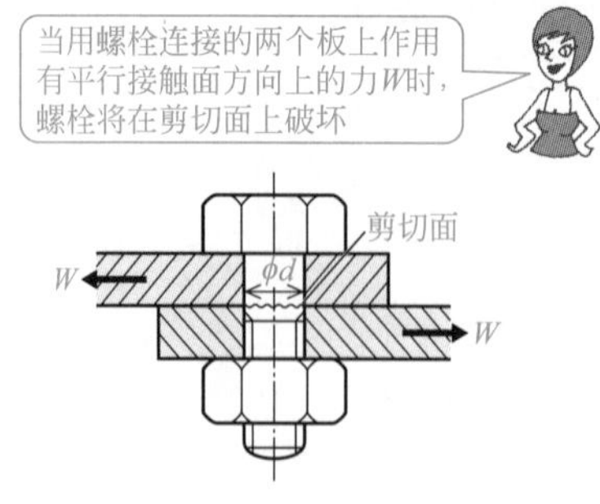

图2.18　作用在螺栓上的剪切力

$$\tau=\frac{W}{A}=\frac{W}{\frac{\pi}{4}d^2}$$

$$W=\frac{\pi}{4}d^2\tau$$

$$d^2=\frac{4W}{\pi\tau}$$

$$d=\sqrt{\frac{4W}{\pi\tau}} \quad (2.11)$$

2.4 如图2.18所示，当在垂直于螺栓轴线的方向上作用6kN的载荷时，螺栓的公称直径需要多少？这里，螺栓材料的许用剪切应力为40MPa。

解：

$$W = 6\text{kN} = 6000\text{N}，\ \tau_{\text{a}} = 40\text{MPa}$$

将数值代入式（2.11）中，得：

$$d = \sqrt{\frac{4W}{\pi\tau}} = \sqrt{\frac{4\times 6000}{\pi\times 40}} = 13.8\ (\text{mm})$$

在表2.1中选择普通螺栓时，比计算值大的公称直径为16mm。

（2）螺纹的旋合长度

外螺纹和内螺纹相互接触的轴向长度称为**螺纹的旋合长度**。在JIS标准中规定了用于钢材制造的紧固螺栓的旋合长度为公称直径d的0.8～1倍，这实质上就是螺母的高度。

假定螺栓的外径尺寸为d，基于螺孔的材料，将螺栓拧入部分的长度L规定如下。

当使用低碳钢、铸钢或青铜时，$L = d$；

当使用铸铁时，$L = 1.3d$；

当使用轻合金时，$L = 1.8d$。

内孔的螺纹长度如图2.19所示，通常比螺栓长出2～10mm。

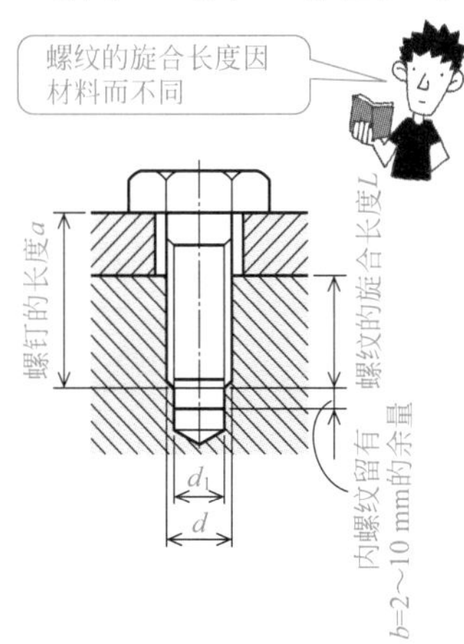

图2.19　螺钉

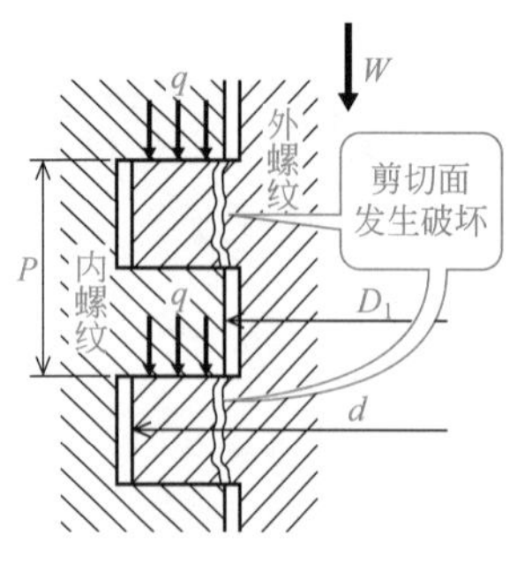

图2.20　螺纹牙的接触面压力

当外螺纹与内螺纹相互啮合的螺纹部位长度较短时，啮合的螺纹牙数变少，螺纹牙有被剪断的可能。因此，螺母的高度或者螺纹相互接触的旋合长度需要考虑螺纹接触面上产生的压力和螺纹牙产生的剪切应力的大小进行确定。

在图2.20中，设外螺纹的外径（大径）为d(mm)，内螺纹的内径（小径）为D_1(mm)。

设螺纹的牙数为z，则相互接触的螺纹接触面积A(mm^2) 就为：

$$A=\frac{\pi}{4}\left(d^2-D_1^2\right)z$$

如果螺纹的接触表面压力过大，就有损伤螺纹接触面的可能，因此为了接触应力不超出表2.2中给出的许用接触压力q(MPa)，利用下式可求解出作用在螺纹轴方向上的载荷W(N)。

$$W=qA=\frac{\pi}{4}q\left(d^2-D_1^2\right)z$$

因此，螺纹的牙数为：

$$z=\frac{4W}{\pi q\left(d^2-D_1^2\right)} \tag{2.12}$$

另外，设螺纹的螺距为P(mm)，则螺纹的旋合长度L(mm) 为：

$$L=zP=\frac{4WP}{\pi q\left(d^2-D_1^2\right)} \tag{2.13}$$

表2.2　螺纹的许用接触压力

螺纹的材料		许用接触压力 q/MPa	
外螺纹	内螺纹	紧固用	传递用
低碳钢	低碳钢或者青铜	30	10
高碳钢	低碳钢或者青铜	40	13
高碳钢	铸铁	15	5

例题 2.5 有一承载能力为30kN的千斤顶。当外螺纹的大径尺寸为30mm、内螺纹的小径尺寸为24mm、螺距为6mm时，能够承受负载的螺纹旋合长度是多少？此时，螺杆采用矩形螺纹，许用接触压力为13MPa。

解：

$$W = 30\text{kN} = 30000\text{N}$$
$$d = 30\text{mm},\quad D_1 = 24\text{mm},\quad P = 6\text{mm}$$
$$q = 13\text{MPa}$$

将已知数据代入式（2.13），得：

$$\begin{aligned}L &= \frac{4WP}{\pi q\left(d^2 - D_1^2\right)}\\ &= \frac{4\times 30000\times 6}{\pi\times 13\times\left(30^2 - 24^2\right)}\\ &= 54.43\ (\text{mm})\\ &\approx 55\text{mm}\end{aligned}$$

专栏　螺栓的防松方法

尽管使用紧固螺栓来连接两个构件，但是如果螺栓松动的话，不仅其功能不能实现，还会导致事故和灾难的发生，因此要采用防止松动的措施。防止松动的措施包括使用垫圈、销、小螺钉等的方法。这里，我们介绍一种重叠两个厚度不同螺母的双螺母方法。如图2.21所示，用薄的螺母（B）拧紧连接构件后，再拧紧通常的螺母（A）。然后，使用两个扳手拧紧螺母（A），并将止动螺母（B）松开15°～20°。通过这样做，使得螺栓被两个螺母拉长，且两个螺母的螺纹受压表面都与螺栓的螺纹受压表面紧密接触，从而起到拧紧和防松的效果。

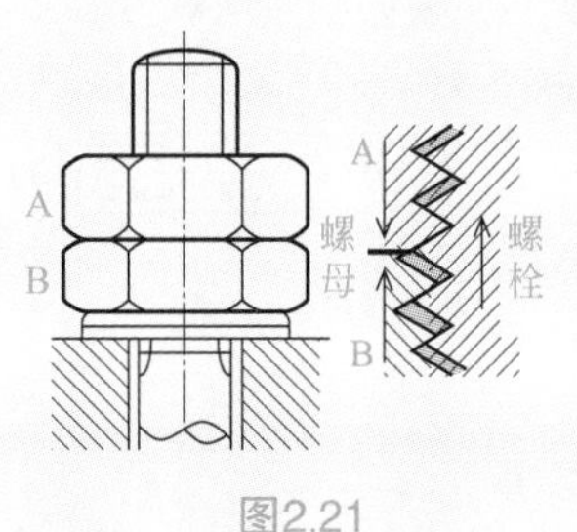

图2.21

2.5 螺纹连接件

按用途来区分螺纹连接件

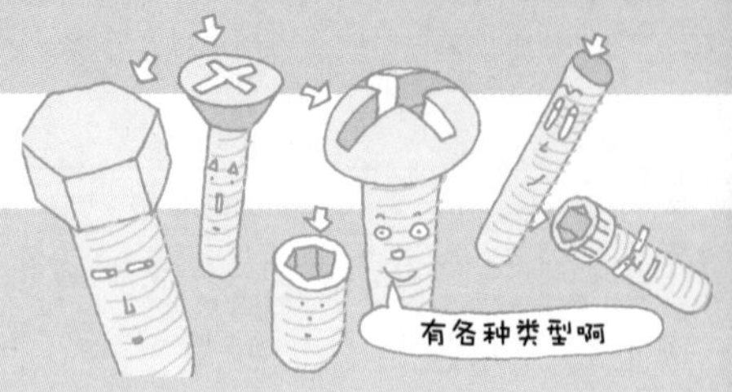

❶ 典型螺纹连接件——螺栓和螺母是JIS标准规定的标准件。
❷ 小螺钉是一种根据使用目的而设计外形的标准件。
❸ 垫圈是用于保护螺母的接触面并防止螺纹松动的标准件。

螺纹连接件是具有螺纹部位的零件。螺纹连接件因螺纹牙、头部、螺纹顶部等的形状不同或使用目的不同等分为多种类型。

(1) 螺栓和螺母

螺栓和螺母是最常用的紧固用螺纹连接件，螺栓头部和螺母通常都做成六角形，称为六角头螺栓和六角螺母。根据形状区分的六角头螺栓种类如图2.22所示，六角螺母种类如图2.23所示。在JIS标准中按照力学性能和精度规定了螺栓、螺母的强度等级和精度。

根据螺栓的使用位置，有如图2.24所示的使用方法。

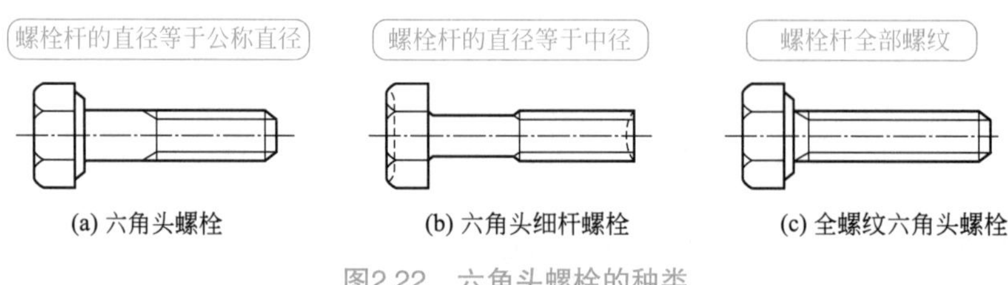

图2.22　六角头螺栓的种类

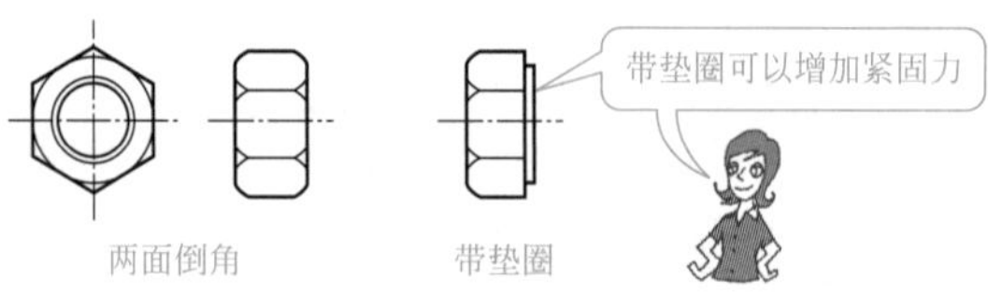

图2.23　六角螺母的种类

1）螺栓连接

在两个被连接的零件上开设通孔，将螺栓穿过通孔，用螺母拧紧。

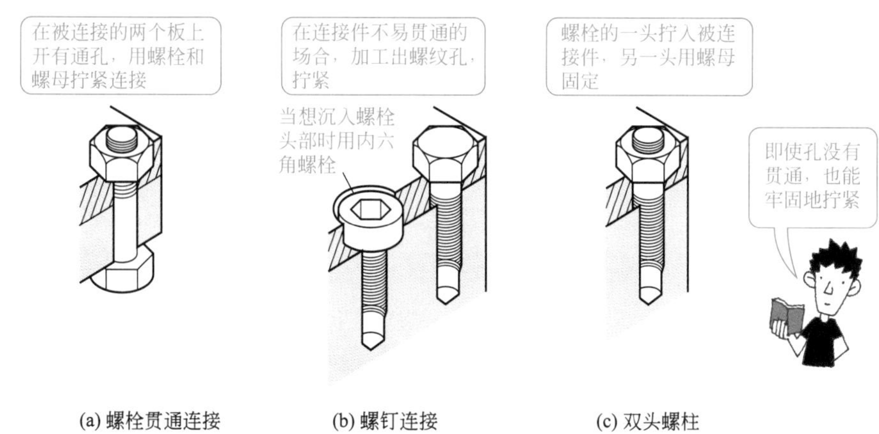

图2.24　螺柱和螺母的使用方法

2）**螺钉连接**

在一方需要连接的连接件上加工出内螺纹孔，另一方需要连接的连接件上开设通孔，将螺栓经过通孔拧紧到被连接件的螺纹孔中。当要将螺栓头部沉入连接件时，可使用内六角头螺栓。

3）**双头螺柱**

在圆棒的两端加工螺纹，将螺栓的一头拧入螺纹孔，螺栓的另一端用螺母拧紧。

（2）小螺钉

如图2.25所示，这是一个直径为1～10mm、用螺丝刀（螺钉旋具）来拧紧的螺钉，根据螺钉头部的形状分为三种类型，而根据头部凹槽的形状分为两种类型。

图2.25　小螺钉

(3) 紧定螺钉

这是一种用于固定受力不大的零件的小螺钉，例如使用螺钉的顶端将套在轴上的齿轮等旋转部件固定在轴上。如图2.26所示，根据紧定螺钉头部的形状可分为三种类型，而根据端部的形状可分为五种类型。

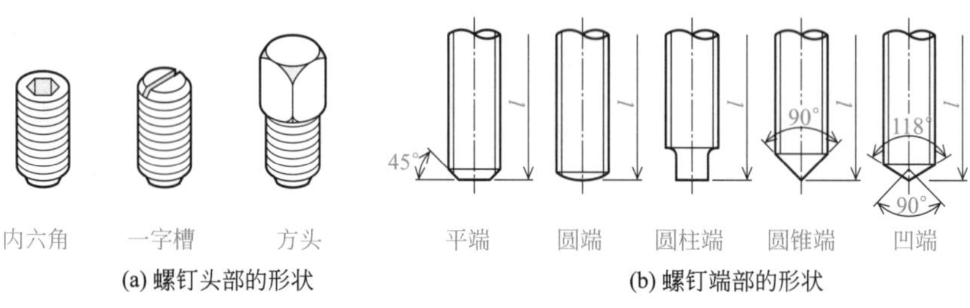

图2.26 紧定螺钉

(4) 自攻螺钉

自攻螺钉是先在内螺纹侧加工出螺纹底孔，一边自攻加工螺纹，一边拧紧固定的螺钉（图2.27）。

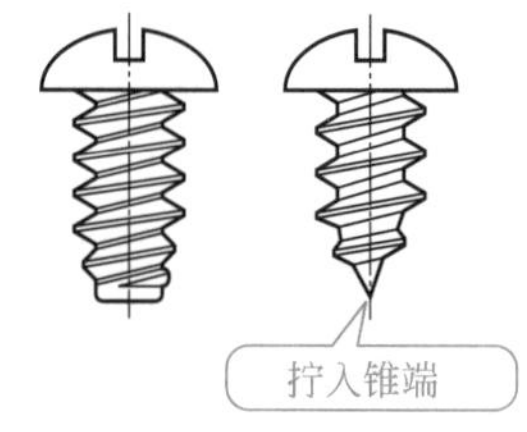

图2.27 自攻螺钉

(5) 特殊的螺栓和螺母

1）特殊的螺栓

特殊用途使用的特殊螺栓如图2.28所示。

① 地脚螺栓。在混凝土等基础上安装机器类设备时使用。

② 吊环螺栓。螺栓的头部做成圆环状，拧入机器或者重型部件上后，可以利用绳索通过圆环来提升机器。

③ T形头螺栓。螺栓的头部是T形的，当在机床的工作台上固定工件时，使镶嵌在工作台T形槽内的T形螺栓的头部移动，可在合适的位置上紧固工件。

④ 控制螺栓。这种螺栓用于保持机械零部件之间的距离不变。

2）特殊的螺母

具有特殊结构形式的螺母如图2.29所示。

① 圆螺母。这是在圆形螺母的上表面或者外圆上开有销孔或者方槽，用紧固工具的端部插入缺口，并进行紧固。

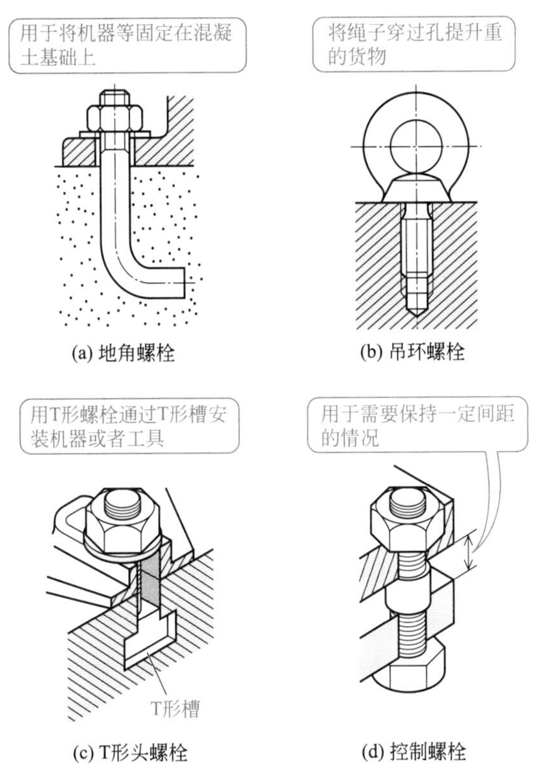

图2.28　特殊的螺栓

图2.29　特殊的螺母

② 盖形螺母。这种螺母有防止流体泄漏流入螺纹的盖帽。

③ 蝶形螺母。这是将螺母做成蝶形，用手指就能拧紧。

④ 开槽螺母。开槽螺母上切割有槽，可供开口销穿过，销开口打开，从而固定住螺母，防止螺母松动。

(6) 垫圈

垫圈放置在螺栓和螺母等与连接件之间，当紧固面凸凹不平时，垫圈能增加接触面积并改善紧固状况。

各种类型的垫圈如图2.30所示。

① 平垫圈。平垫圈是圆形板状的垫圈［图2.30（a）］。

② 弹簧垫圈。弹簧垫圈具有单匝弹簧圈的形状，利用切口部分被压紧成为扁平时的弹簧力的作用，获得防止螺纹连接松动的效果［图2.30（b）］。

③ 齿形垫圈。齿形垫圈是具有锯齿形的内齿或者外齿的垫圈，利用齿刮擦连接面增加摩擦力以防止松动［图2.30（c）］。

④ 止动垫圈。止动垫圈是在螺母拧紧后，将垫圈一部分沿着螺母折弯，并将“舌头”的部分弯曲到贴在拧紧后的连接件的侧平面上，以防止螺母旋转，从而防止松动［图2.30（d）］。

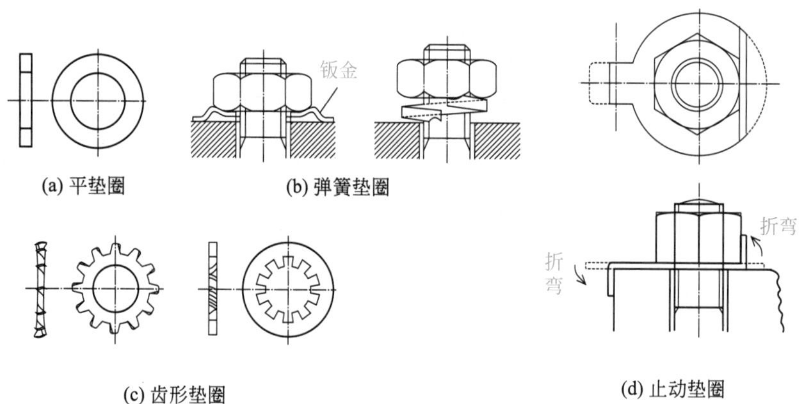

图2.30　各种垫圈

2.6 焊接接头

采用焊接将两个构件连接成一体

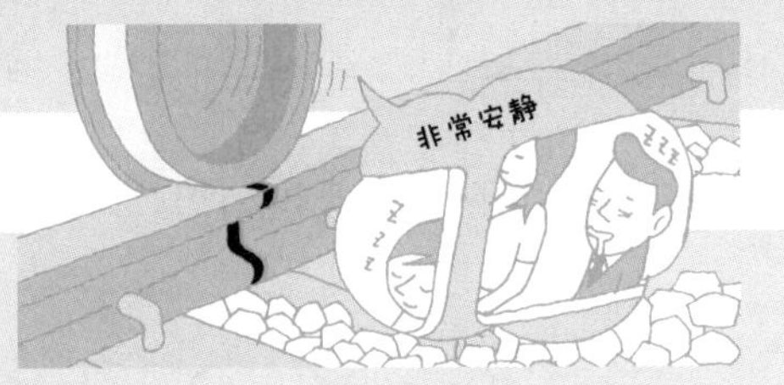

要点

焊接构件与通过螺栓或铆钉等连接的构件相比，能够减轻构件重量和减少工时，具有气密性、水密性、油密性等优良的特性。

(1) 概述

电弧焊如图2.31所示，是在要进行连接的两材料（称为**基材**或母材）的接合部位和焊条之间产生电弧，熔化基材接合部位和焊条，从而使两基材接合部位牢固地连接在一起的加工方法。

焊接接头与通过螺栓或者铆钉以及其他工艺方法连接的接头相比，具有以下特征。

① 结构上的限制少，可适应各种厚度的构件连接。

② 结构能够简化，节省材料，减轻重量。

③ 相对基材的焊缝连接强度高。

④ 与其他加工方法相比，能够节省工时、缩短工期、降低生产成本。

⑤ 能够确保耐压性和气密性。

因为局部加热和熔化，所以焊缝在冷却过程中的收缩会引起变形、残余应力以及产生内部缺陷等，必须特别留意。

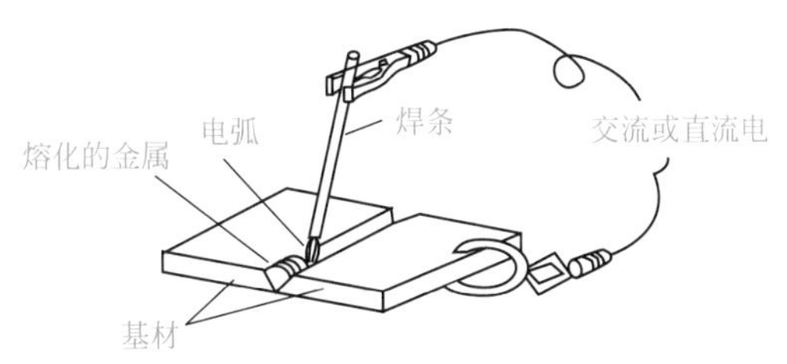

图2.31　电弧焊

(2) 焊接接头的类型

焊接接头的基本类型如图2.32所示。图2.32（a）所示的是**坡口焊**，图2.32

（b）～（e）所示的是**堆角焊**。堆角焊是不开坡口直接在交角处焊接。

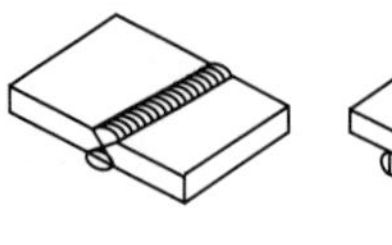
(a) 对接接头

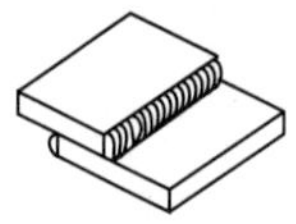
(b) 搭接接头

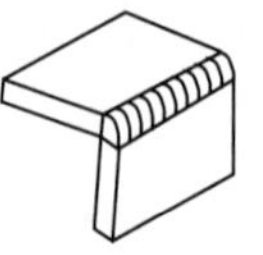
(c) 角接接头

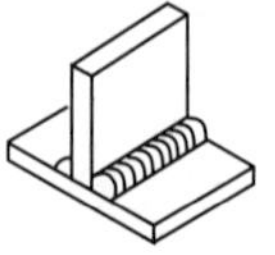
(d) T形接头

(e) 盖板接头(双面)

图2.32　焊接接头的基本类型

(3) 坡口焊的坡口形状和类型

在坡口焊中，为了使熔化的焊条能够充分地溶入基材，在焊接件的端面上开有各种类型的槽，这种槽称为**坡口**，其类型如图2.33所示。显而易见，坡口的形状取决于板材的厚度，根据经验能够充分焊透不开坡口的I形，其板厚在6mm以下，V形适用于板厚6mm及以上。

图2.34以V形坡口为例，给出了坡口各部位的名称。

(a) I形

(b) 单边V形

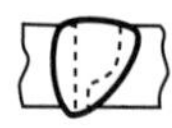
(c) J形

(d) V形

(e) U形

(f) K形

(j) 双面J形

(k) X形

(l) H形

图2.33　坡口形状

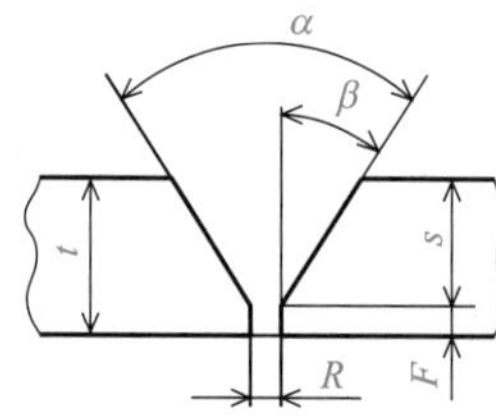

t：板厚
s：坡口深度
F：钝边
R：根部间隙
α：坡口角度
β：坡口面角度

图2.34　坡口各部位的名称

2.7 焊接接头的强度

焊缝的厚度很重要

从焊接部位的尺寸求解焊缝厚度，进而求取拉应力、剪切应力。

（1） 焊缝厚度和焊缝部位的截面积

1）焊缝厚度

如图1.32所示，由作用力与截面积可以求解出作用在构件上的应力。在焊接接头中，确定截面积尺寸的是焊缝厚度的有效长度h，称为**焊缝厚度**。图2.35表示坡口焊接的焊缝厚度，图2.35（a）和图2.35（b）表示完全焊透，图2.35（c）和图2.35（d）表示部分焊接。图中的焊缝余高表示在表面上额外堆积的金属，在计算中不予考虑。

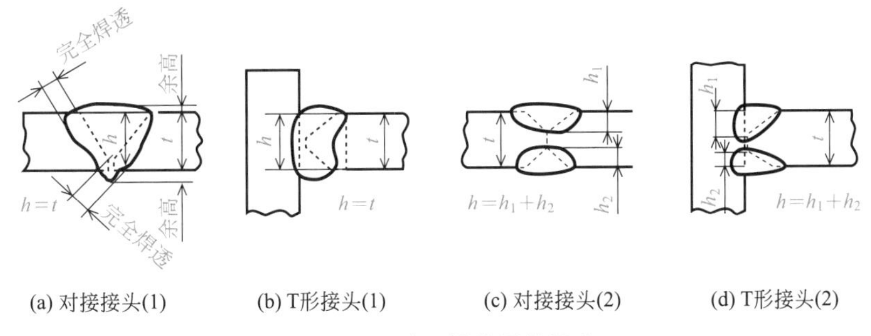

图2.35　坡口焊的焊缝厚度

图2.36表示了堆角焊的理论焊缝厚度，图2.36（a）表示焊缝表面凸起的形状，图2.36（b）表示焊缝表面凹下的形状。图中所示的焊脚长度是在图面上标注的尺寸。另外，图中的尺寸s是求得的理论焊缝厚度的单边长度，理论焊缝厚度由下式表示。

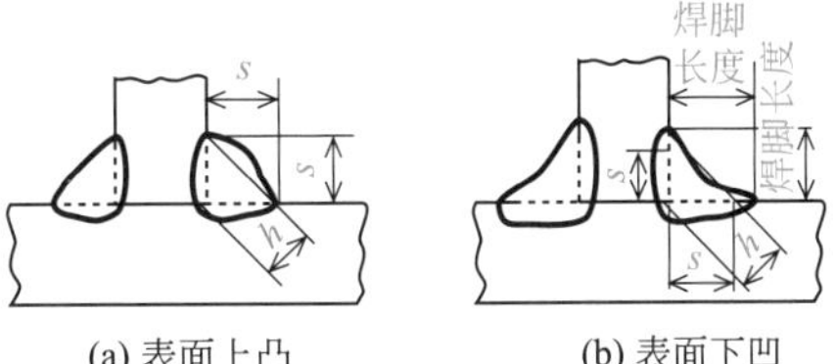

图2.36　堆角焊的焊缝厚度

$$h = 0.707s$$

式中，h为堆角焊的理论焊缝厚度，mm。

2）**焊缝厚度的截面积**

焊缝厚度的横截面积A是通过将焊缝厚度乘以焊接长度而获得的，对于坡口焊接以及堆角焊分别采用如下的式子表达。

a. 坡口焊接

$$A = hl$$

式中，A为焊缝部位的横截面积，mm^2；h为焊缝厚度，mm；l为焊接长度，mm。

b. 堆角焊接

$$A = hl = 0.707sl$$

式中，A为焊缝部位的横截面积，mm^2；h为理论焊缝厚度，mm；s为标注的焊接尺寸，mm；l为焊接长度，mm。

（2）焊接接头的强度

强度校核就是确定焊接接头的强度，以使作用在焊缝横截面上的平均应力或者最大应力小于母材的许用应力。

图2.37给出了求解焊接接头产生的应力的计算公式。由于堆角焊的内部存在着未焊透部位，因此相对于坡口焊，堆角焊的可靠性比较低。

例题 2.6 在图2.37①的对接焊接接头中，钢板的厚度为20mm，焊接长度为150mm。当许用应力设定为60N/mm²时，该接头能承受的最大载荷为多少(kN)？

解：

$$t = 20\text{mm}，l = 150\text{mm}，\sigma = 60\text{N}/\text{mm}^2$$

$$\sigma = W/(hl)$$

上式变形整理，得：

$$W = hl\sigma$$

将$t = h$代入上式得：

$$W = 20 \times 150 \times 60 = 180000\ (\text{N}) = 180\text{kN}$$

①承受拉伸载荷的完全焊透的对接接头

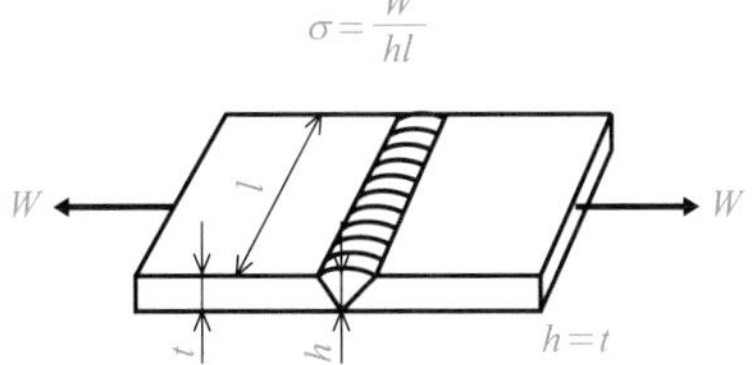

②承受拉伸载荷的不完全焊透的对接接头

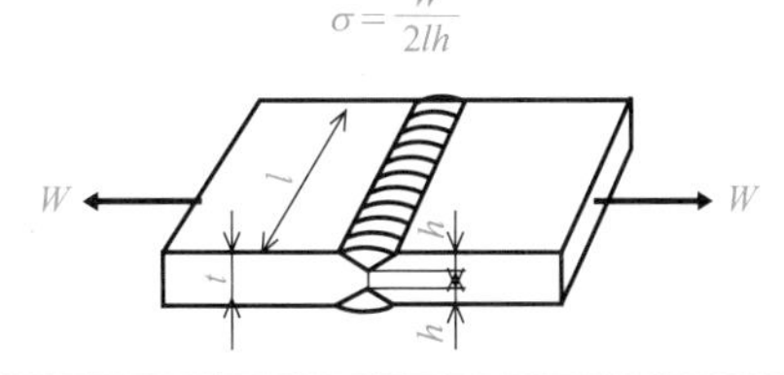

③承受拉伸载荷的完全焊透的坡口焊的T形接头

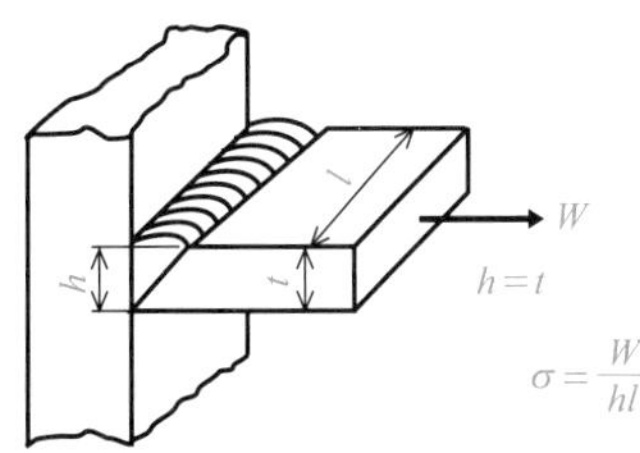

④承受弯曲载荷的完全焊透的坡口焊的T形接头

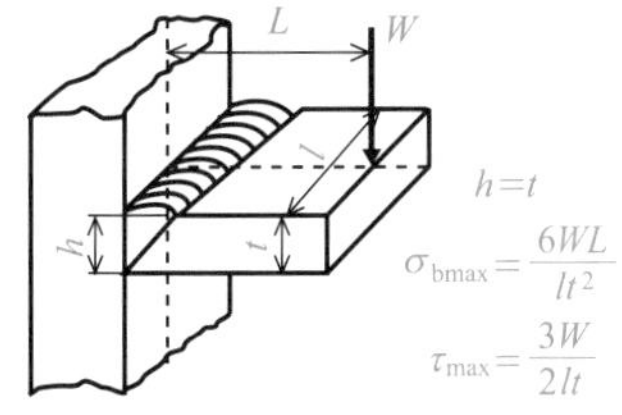

⑤承受拉伸载荷的双面堆角焊的T形接头

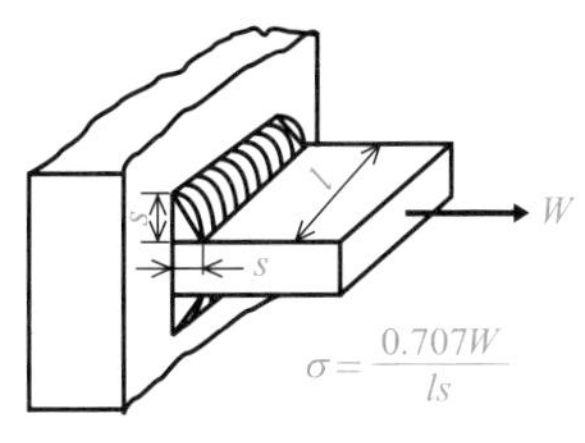

⑥承受拉伸载荷的侧面堆角焊的搭接接头

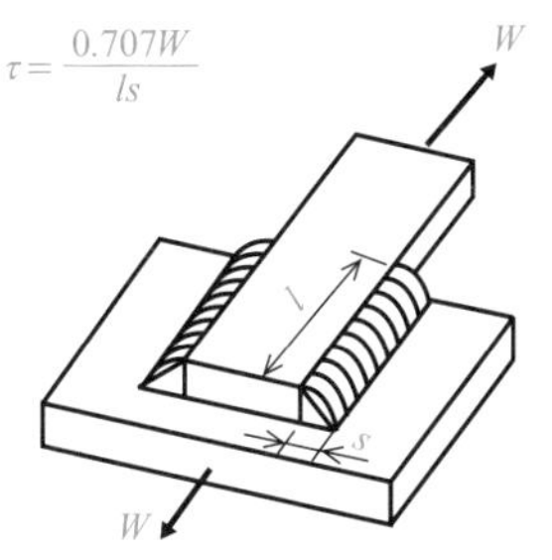

⑦承受拉伸载荷的单边堆角焊的搭接接头

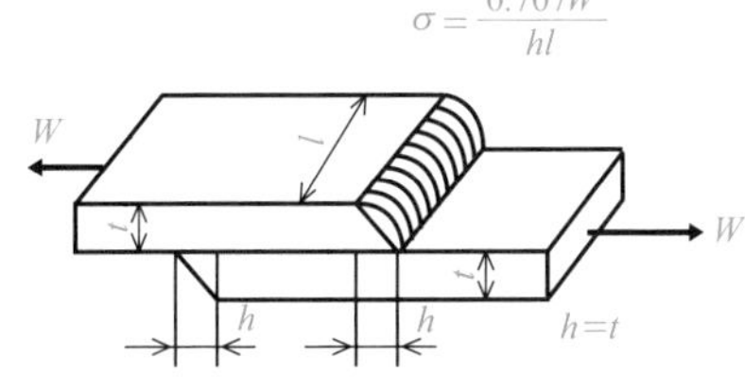

⑧承受弯曲载荷的完全焊透的对接接头

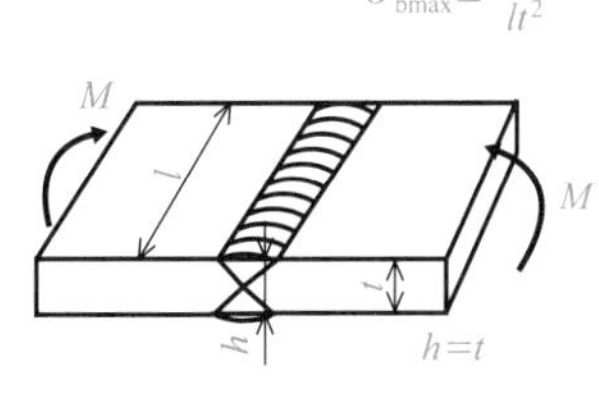

图2.37　焊接接头的应力计算式

2.7 在图2.37③所示的T形接头中，当在板厚20mm、许用应力80N/mm²的构件上作用W=60kN的载荷时，焊接长度是多少（mm）？

解：

$$t = 20\text{mm}, \sigma = 60\text{N} / \text{mm}^2, \quad W = 60\text{kN}$$
$$\sigma = W / (hl)$$

变形上式，整理得：

$$l = W / (h\sigma)$$

$t = h$，在上式代入数值计算得：

$$l = 60000 / (20 \times 80) = 37.5 \text{ (mm)}$$

（3）焊接顺序和焊接缺陷

在焊接过程中，因为局部加热并使基材熔化，而后熔化的基材在冷却过程中会收缩，从而导致各种缺陷的发生。在设计焊接部位时，我们不仅要计算焊接部位的强度，还要考虑采用何种方法、按着何种顺序进行焊接。

1）焊接顺序

当焊接的长度过长、堆角焊的焊层过厚或进行厚板的多层堆积焊时，由于焊接对基材产生较大的影响，因此为了尽量控制焊接缺陷，考虑采用图2.38所示的焊接顺序。图（a）是前进焊接法，图（b）是对称焊接法，图（c）是逐步后退焊接法，图（d）是跳跃前进焊接法，在焊接时选择图（b）～图（d）中的任何一种方法都能避免焊接缺陷发生。

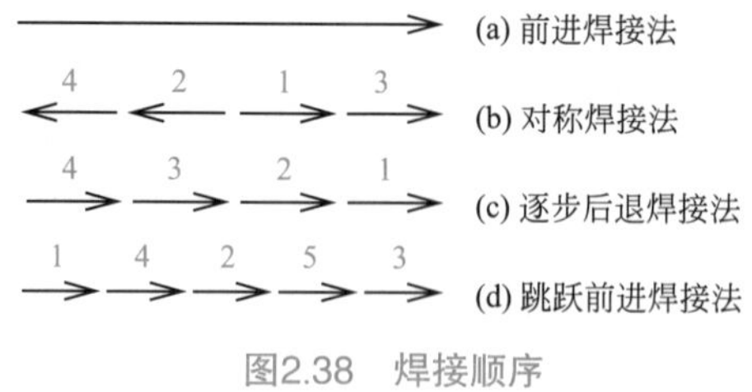

图2.38　焊接顺序

2）焊接缺陷

焊接缺陷包括有焊缝形状不良、变形、裂缝、内部缺陷等。这里，变形与所选择的焊接接头形式有关。当有图2.39所示的结构时，需要特别注意。还有用施加压力来抑制变形的方法，但如果强制按压焊接，则在焊接工序结束之后可能会出现因残余应力引起的缺陷。在这种情况下，常通过适当的热处理来去除残余应力。

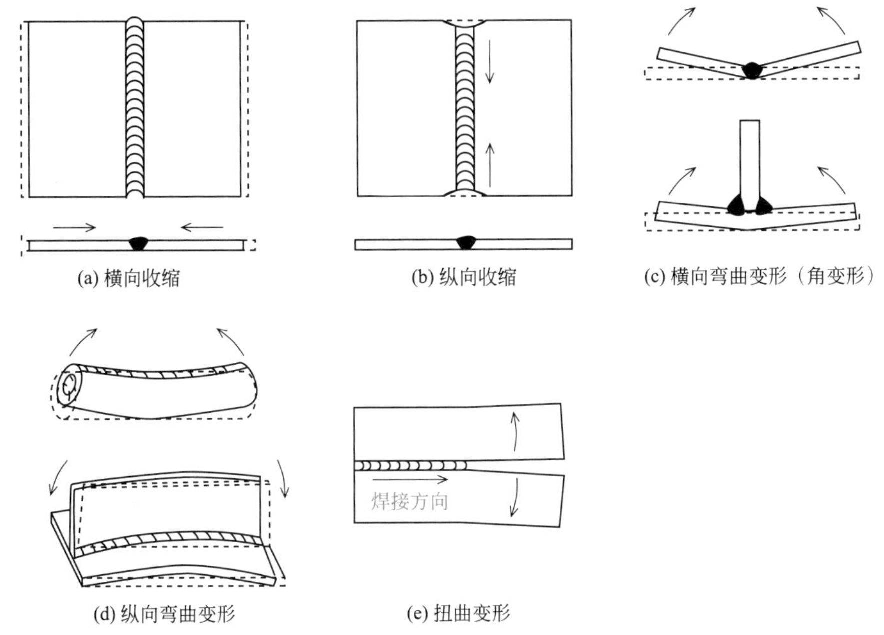

图2.39 焊接变形的类型

焊接时，有的在工厂使用自动焊接机等进行焊接，还有的诸如轨道之类的焊接在施工现场进行。桥梁和建筑物等大型物体是在工厂完成零部件的焊接，最终的装配通常在现场用螺栓和螺母连接完成。在焊接的场合，如果一个构件出现裂纹，它将通过焊缝传播，但如果通过螺栓和螺母紧固，就不会有这样的裂纹传播。

习 题

习题1 螺距为3mm的双头螺纹的导程是多少？

习题2 在JIS标准规定的普通粗牙螺纹M20上，需要施加多大的拧紧力矩才能使紧固力达到8 kN。这里，螺纹的导程角为2.5°，螺纹面的摩擦因数为0.15。

习题3 当用图2.40所示的吊环螺栓悬挂重量30 kN的物体时，请求解出吊环螺栓的螺纹部位尺寸为多少才能安全。这里，使用普通螺栓，螺栓材料的许用拉伸应力设为60MPa。

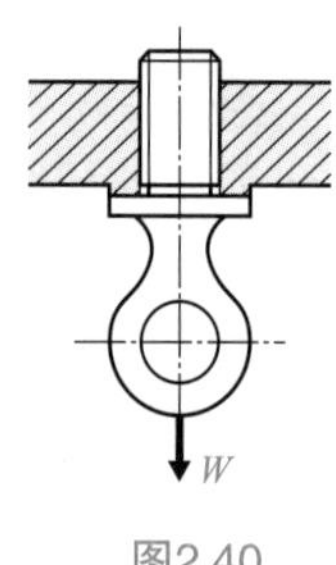

图2.40

习题4 想用4根螺栓如图2.41所示那样吊起16 kN的载荷。当采用普通螺栓时，螺栓的直径尺寸为多少合适？这里，螺栓材料的许用拉伸应力为60MPa。

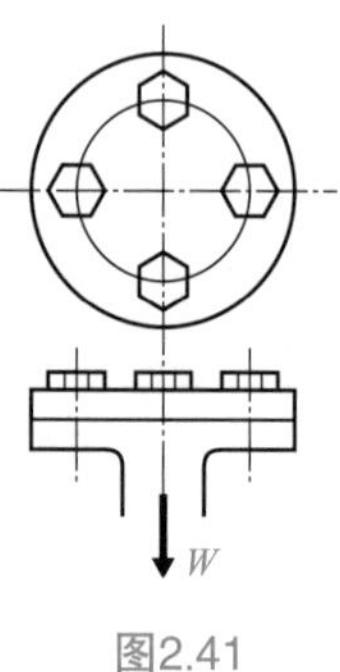

图2.41

习题5 请求解出被8 kN载荷作用的紧固螺栓应采用多大的公称直径。这里，采用的是普通螺栓，螺栓的许用拉伸应力为60MPa。

习题6 如图2.42所示，当在垂直于螺栓轴线的方向上施加6 kN的载荷时，螺栓的公称直径应该取多少？这里，螺栓材料的许用剪切应力为40 MPa。

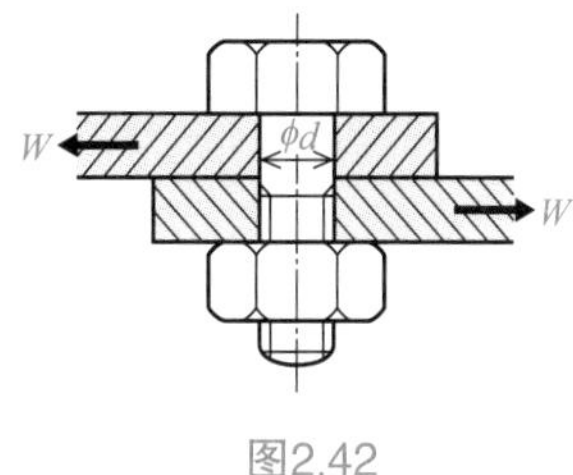

图2.42

习题7 在如图2.43所示的花篮螺栓上施加7kN的拉力时，请确定螺栓的尺寸和螺纹的旋合长度。这里，螺钉是一般用途的公制螺纹，许用拉伸应力为50MPa，许用表面压力为12MPa。

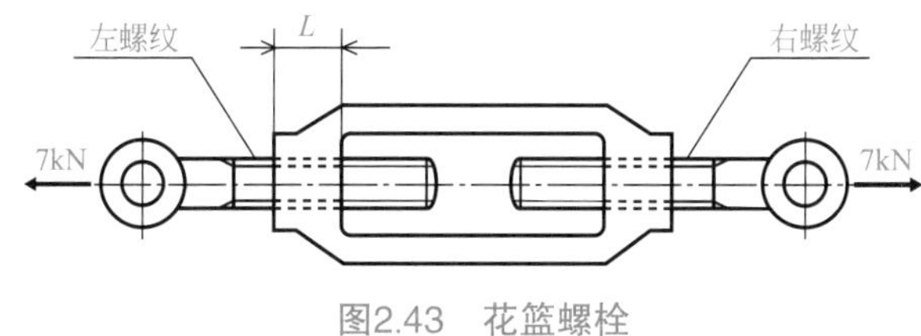

图2.43 花篮螺栓

习题8 有一螺旋压力机可承受200 kN的载荷。当外螺纹的大径为100 mm、内螺纹的小径为80 mm、螺距为20 mm时，承受载荷的螺纹旋合长度为多少？在此，螺杆采用方形螺纹，许用表面压力为15MPa。

专栏　花篮螺栓

花篮螺栓是一种紧固用的金属配件，它的结构如图2.44（a）所示，由左侧的吊环螺钉、右侧的吊环螺钉以及加工有内螺纹的框架组成。旋转框架，即可调节与吊环螺钉相连的钢丝绳等的张力。

图2.44（b）是花篮螺栓应用实例。在拉紧固定帐篷用的支柱的绳索中间放置一个花篮螺栓，就能够通过框架的旋转而张紧绳索，容易搭起帐篷。

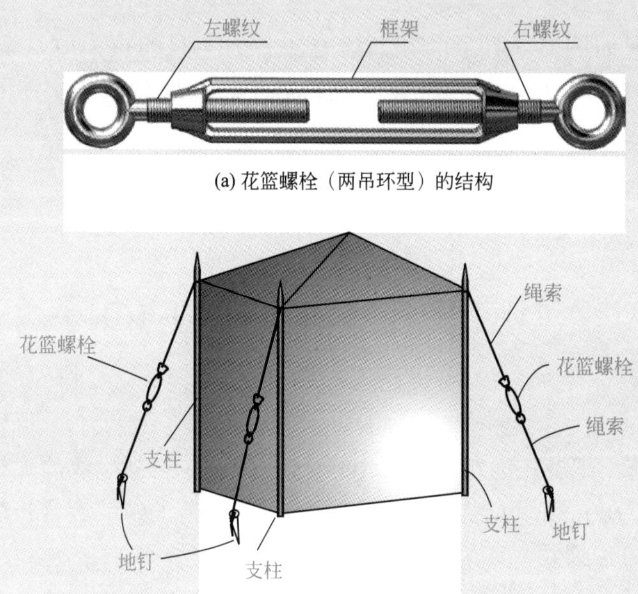

(a) 花篮螺栓（两吊环型）的结构

(b) 花篮螺栓的应用实例（帐篷）

图2.44　花篮螺栓的结构与应用实例

第3章

轴类零件

轴主要用于传递动力和旋转运动以驱动机器运动。另外，轴通常是直接或者利用齿轮、带轮等机械零件进行动力传递，将动力从电动机或者发动机的轴传递到另一轴（称为从动轴），此时，作为轴的辅助机械零件有键、花键、联轴器以及离合器等。

在本章中，将学习与轴有关的机械零件的类型和功能，并掌握轴上作用力类型不同时，相应的设计方法。

3.1 轴

传递动力和转动的机械零件

❶ 轴是通过旋转运动来传递动力的机械零件。
❷ 轴径的选取参照标准。
❸ 进行轴的设计时，要考虑使用条件。

(1) 轴的分类

轴是通过旋转运动来传递动力的机械零件，根据轴上作用的力，可以将轴分为以下几类。

①主要承受扭转作用的轴（如传动轴）；
②主要承受弯曲作用的轴（如车轴，见图3.1）；
③同时承受扭转和弯曲作用的轴（如曲轴）。

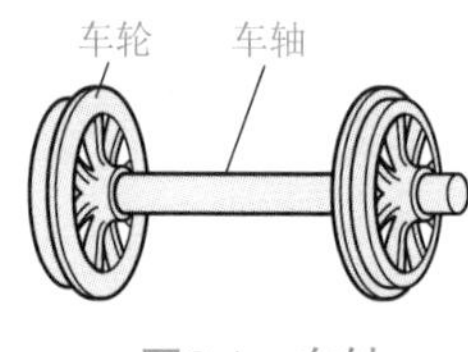

图3.1 车轴

(2) 轴设计时的注意事项

1）强度

由于有弯曲和扭转等载荷单独或者同时作用在轴上，因此，轴要有足够的强度来承受这些载荷。此外，还要考虑键槽及阶梯等处的应力集中引起的强度降低（图3.2）。

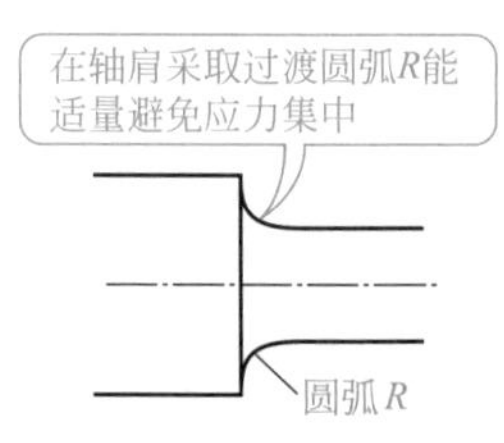

图3.2 应力集中

2）刚度

即使轴的强度足够，但刚度不足的话，也会在轴上出现各种问题。例如，轴的挠度变形会使齿轮的啮合状态变差，或者变形过大而导致振动发生。因此，轴需要有充足的扭转刚度（图3.3）。

图3.3 挠度

3）振动

轴的转速超过某一转速的话，就会发生异常的振动，轴有可能会损坏。这一转速称为临界速度。为了防止这种现象发生，需要考虑使转速不超过临界速度或者抑制振动的方法。

4）**腐蚀和磨损**

当轴是使用在与液体或者气体接触的状态下时，必须使用耐蚀性材料或者对轴的表面进行防腐处理或表面处理。另外，用于磨损严重的场合时，要进行氮化、渗碳等表面处理或者热处理等。

5）**材料**

轴的材料通常采用低碳钢，但高速旋转轴或重载情况的轴采用的是合金钢。

6）**轴的规格尺寸**

轴的直径原则上按表3.1确定。

表3.1　轴的直径（摘自日本JIS B 0901—1977）标准❶

轴径	轴径数值的依据				
	优先数①			圆柱轴端②	滚动轴承配合的轴径③
	R5	R10	R20		
4	○	○	○		○
4.5			○		
5		○	○		○
5.6			○		
6				○	○
6.3	○	○	○		
7				○	○
7.1			○		
8		○	○	○	○
9			○	○	○

轴径	轴径数值的依据				
	优先数①			圆柱轴端②	滚动轴承配合的轴径③
	R5	R10	R20		
10	○	○	○	○	○
11				○	
11.2			○		
12				○	○
12.5		○	○		
14			○	○	
15					○
16	○	○	○	○	
17					○
18			○	○	
19				○	
20		○	○	○	○
22				○	○
22.4			○		
24				○	
25	○	○	○	○	○
28			○	○	○
30				○	○
31.5		○	○		
32				○	○
35				○	○
35.5			○		
38				○	

轴径	轴径数值的依据				
	优先数①			圆柱轴端②	滚动轴承配合的轴径③
	R5	R10	R20		
40	○	○	○	○	○
42				○	
45			○	○	○
48				○	
50		○	○	○	○
55				○	○
56			○	○	
60				○	○
63	○	○	○	○	
65				○	○
70				○	○
71			○	○	
75				○	○
80		○	○	○	○
85				○	○
90			○	○	○
95				○	○

轴径	轴径数值的依据				
	优先数①			圆柱轴端②	滚动轴承配合的轴径③
	R5	R10	R20		
100	○	○	○	○	○
105					○
110				○	○
112			○		
120				○	○
125		○	○	○	
130				○	○
140			○	○	○
150				○	○
160	○	○	○	○	○
170				○	○
180			○	○	○
190				○	○
200		○	○	○	○
220				○	○
224		○	○		
240				○	○
250	○	○	○	○	
260				○	○
280			○	○	○
300				○	○
315		○	○		
320				○	○
340				○	○
355			○		
360				○	○
380				○	○

轴径	轴径数值的依据				
	优先数①			圆柱轴端②	滚动轴承配合的轴径③
	R5	R10	R20		
400	○	○	○	○	○
420				○	○
440				○	○
450			○	○	
460				○	○
480				○	○
500		○	○	○	○
530				○	○
560			○	○	○
600				○	○
630	○	○	○	○	○

①基于JIS Z 8601（优先数）。

②基于JIS B 0903（圆柱轴端）轴端的直径。

③基于JIS B 1512的轴承内径（滚动轴承的主要尺寸）。

注：表中的○表示轴径数值的依据，例如，轴径4.5表示基于优先数R20。

❶ 译者注：在我国，设计轴，轴径可参考标准GB/T 321—2005。

3.2 轴的设计

确定轴的尺寸时要考虑强度和刚度

❶ 在传动轴的设计中，要考虑轴的强度和刚度。
❷ 轴的直径随传递功率增大而变，在传递相同的功率时，旋转速度越低，轴径越大。
❸ 做成空心轴能够轻量化。

对于轴而言，主要是扭转、弯曲等载荷单独作用或者同时作用。轴的设计就是依据轴的强度进行确定。然而，当扭转角超过某一角度时就会出现旋转不良，因此，设计轴时在考虑强度的同时也要考虑刚度。

(1) 轴的转矩和功率的关系

在传动轴上作用有扭转力，因此，要研究轴传递的功率与转矩之间的关系。

如图3.4所示，在直径d(mm)的轴上作用有转矩T(N・mm)，分析以旋转速度n(r/min)旋转的轴。这时，轴传递的功率P(W)由式(1.12)得：

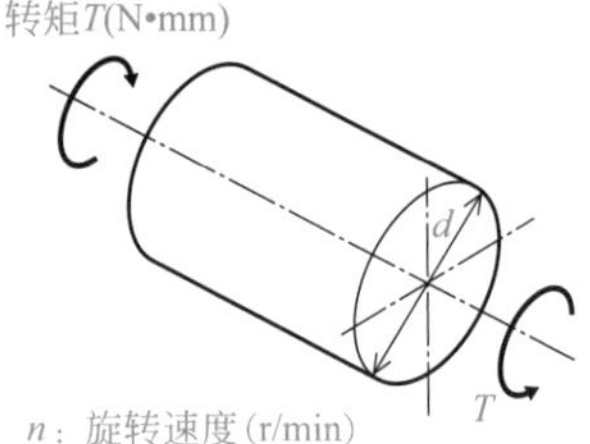

图3.4 功率与转矩

$$P = T\frac{2\pi n}{1000 \times 60} = 1.047 \times 10^{-4} Tn \quad (\text{W}) \tag{3.1}$$

另外，转矩T为

$$T = \frac{1000 \times 60}{2\pi n}P = 9.55 \times 10^{3}\frac{P}{n} \quad (\text{N} \cdot \text{mm}) \tag{3.2}$$

(2) 只承受转矩的轴

对于承受转矩作用的轴计算其强度时，是假设转矩作用在轴的外圆周上的。

1）**实心轴**

图3.5　轴的转矩

如图3.5所示，当作用在直径为d（mm）的轴的外圆周切线方向上的力为F（N）时，转矩（扭矩）T为：

$$T=\frac{d}{2}F \quad (\mathrm{N \cdot mm})$$

此外，当扭转应力为τ（MPa）和抗扭截面系数为Z_p（mm^3）时，由式（1.35）求得扭矩T。

$$T=Z_p\tau \quad (\mathrm{N \cdot mm}) \tag{3.3}$$

实心轴的抗扭截面系数由表3.2查出$Z_p=\frac{\pi d^3}{16}$（mm^3），则有

$$T=\frac{\pi d^3}{16}\tau \quad (\mathrm{N \cdot mm}) \tag{3.4}$$

设轴的许用扭转应力为τ_a（MPa），并用τ_a代替上式中的τ，则可通过下式求得轴的直径。

$$\begin{aligned} d &= \sqrt[3]{\frac{16T}{\pi\tau_a}} \approx 1.72\sqrt[3]{\frac{T(\mathrm{N \cdot mm})}{\tau_a(\mathrm{MPa})}} \quad (\mathrm{mm}) \\ &= 17.2\sqrt[3]{\frac{T(\mathrm{N \cdot m})}{\tau_a(\mathrm{MPa})}} \quad (\mathrm{mm}) \end{aligned} \tag{3.5}$$

再以上式的计算值为基础，从表3.1选择确定轴的直径。

另外，由于轴通常用于传递功率，因此将式（3.2）中的传动功率P（W）和旋转转速n（r/min）代入式（3.5）中，得：

$$\begin{aligned} d &= \sqrt[3]{\frac{16T}{\pi\tau_a}} = \sqrt[3]{\frac{16}{\pi\tau_a}\times 9.55\times 10^3\times\frac{P}{n}} \\ &\approx 36.5\sqrt[3]{\frac{P(\mathrm{W})}{\tau_a n(\mathrm{MPa/min})}} \quad (\mathrm{mm}) \\ &= 365\sqrt[3]{\frac{P(\mathrm{kW})}{\tau_a n(\mathrm{MPa/min})}} \quad (\mathrm{mm}) \end{aligned} \tag{3.6}$$

表 3.2 有关轴的材料力学方面的值

轴的截面	抗弯截面系数 Z	抗扭截面系数 Z_p
实心轴	$\frac{\pi}{32}d^3$	$\frac{\pi}{16}d^3$
空心轴	$\frac{\pi}{32}\times\frac{d_2^4-d_1^4}{d_2}$	$\frac{\pi}{16}\times\frac{d_2^4-d_1^4}{d_2}$

3.1 请求解出以转速$n=1000\ \mathrm{r/min}$传递功率10kW的轴的直径。这里，许用扭转应力为25MPa。

解：

由式（3.6），有：

$$d=365\sqrt[3]{\frac{P}{\tau_a n}}=365\sqrt[3]{\frac{10}{25\times1000}}$$

$$=365\sqrt[3]{4\times10^{-4}}=365\times0.07368=26.89\ (\mathrm{mm})$$

因此，由表3.1查询，采用直径为28mm的轴。

2）**空心轴**

只接受扭转载荷的空心轴轴径采用与实心轴相同的方式获得。

当设轴的外径为d_2 (mm)、内径为d_1 (mm)、轴的许用扭转应力为τ_a (MPa)时，将表3.2中空心轴的抗扭截面系数代入式（3.4）中，能求解得到d_2。

$$T=\frac{\pi}{16}\times\frac{d_2^4-d_1^4}{d_2}\tau_a$$
$$=\frac{\pi}{16}d_2^3\left(1-i^4\right)\tau_a\quad(\mathrm{N\cdot mm})\tag{3.7}$$

$$d_2=\sqrt[3]{\frac{16T}{\pi\left(1-i^4\right)\tau_a}}\approx1.72\sqrt[3]{\frac{T(\mathrm{N\cdot mm})}{\left(1-i^4\right)\tau_a(\mathrm{MPa})}}\quad(\mathrm{mm})\tag{3.8}$$

另外，根据功率和旋转速度之间的关系，外径d_2也能够基于式（3.6）求出。

$$d_2 = 365\sqrt[3]{\frac{P(\text{kW})}{\left(1-i^4\right)\tau_a n(\text{MPa / min})}} \quad (\text{mm}) \tag{3.9}$$

(3) 实心轴和空心轴的质量对比

为了减轻轴的重量，我们将以相同材料传递相同功率的实心轴的直径和空心轴的直径进行比较（图3.6）。设实心轴的直径为d (mm)，空心轴的外径为d_2 (mm)、内径为d_1 (mm)，内外径之比为$d_1 / d_2 = i$，同材质的两轴的许用扭转应力为τ_a (MPa)，而且轴上作用相同的功率P (kW)，这时由式（3.6）和式（3.9），求得两个轴的外径之比。

图3.6　实心轴和空心轴

$$\frac{d}{d_2} = \frac{365\sqrt[3]{\dfrac{P}{\tau_a n}}}{365\sqrt[3]{\dfrac{P}{\left(1-i^4\right)\tau_a n}}} = \sqrt[3]{\left(1-i^4\right)} \tag{3.10}$$

$$d = d_2\sqrt[3]{\left(1-i^4\right)}$$

例如，假设$i = 0.8$，由式（3.10）可求解出$d \approx 0.84d_2$，空心轴的外径d_2确实略大于实心轴的直径d。但是，轴的质量与横截面积成正比，因此，采用空心轴能大幅度地减轻轴的重量。然而，由于空心轴制造费用比实心轴更高，因此，除了特别要求轻量化外，一般不使用空心轴。

(4) 只承受弯曲力矩的轴

承受弯曲力矩的轴的强度是将其作为圆形截面的梁而进行计算的。

1）实心轴

如果作用在轴上的弯矩为M (N·mm)、许用弯曲应力为σ_b (MPa) 且抗弯截面系数为Z(mm^3)，则由式（1.28）能够求解出弯矩M（图3.7）。这里，由表3.2中实心轴的抗弯截面系数$Z_p = \dfrac{\pi d^3}{32}$，可求解出轴直径$d$ (mm)。

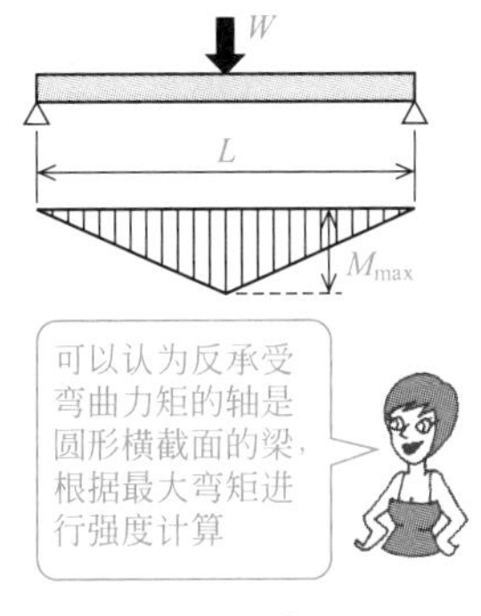

图3.7　弯矩图

$$M = Z\sigma_b = \frac{\pi}{32} d^3 \sigma_b \ (\mathrm{N \cdot mm})$$

$$d = \sqrt[3]{\frac{32M}{\pi \sigma_b}} \approx 2.17 \sqrt[3]{\frac{M(\mathrm{N \cdot mm})}{\sigma_b(\mathrm{MPa})}} \quad (\mathrm{mm}) \tag{3.11}$$

3.2 请求解出图3.8中所示的轴的直径。这里，W=90kN，l_1=1000mm，l_2=800mm，许用弯曲应力设为50MPa。

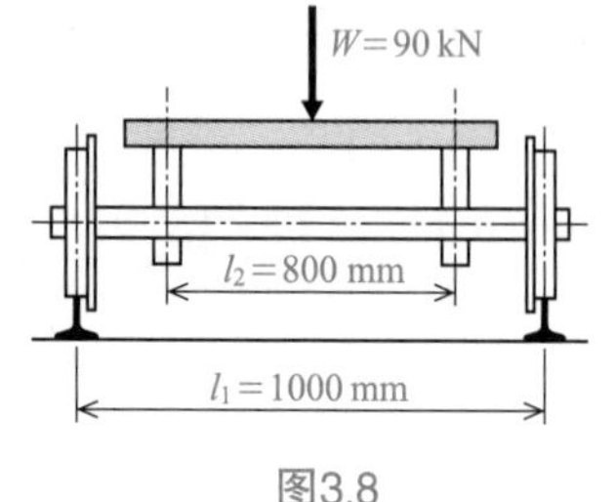

图3.8

解：

作用在轴上的最大弯矩为：

$$M = \frac{W}{2} \times \frac{l_1 - l_2}{2} = \frac{90000}{2} \times \frac{1000 - 800}{2}$$
$$= 45000 \times 100 = 4500000 \ (\mathrm{N \cdot mm})$$

由式（3.11），有：

$$d = 2.17 \sqrt[3]{\frac{M}{\sigma_b}} = 2.17 \ \sqrt[3]{\frac{4500000}{50}}$$
$$= 2.17 \times 44.8 = 97.22 \ (\mathrm{mm})$$

根据表3.1，选取轴的直径为100mm。

2）**空心轴**

设定轴的外径为d_2(mm)、内径为d_1(mm)、作用在轴上的许用弯曲应力为σ_b(MPa)，空心轴的抗弯截面系数Z如表3.2所示，因此可用与1）同样的方法确定轴的外径d_2。当设$d_1/d_2 = i$时，有：

$$M = Z\sigma_b = \frac{\pi}{32} \times \frac{d_2^4 - d_1^4}{d_2} \sigma_b = \frac{\pi}{32} d_2^3 \left(1 - i^4\right) \sigma_b \quad (\mathrm{N \cdot mm})$$

$$d_2 = \sqrt[3]{\frac{32M}{\pi\left(1 - i^4\right)\sigma_b}}$$
$$\approx 2.17 \sqrt[3]{\frac{M(\mathrm{N \cdot mm})}{\left(1 - i^4\right)\sigma_b(\mathrm{MPa})}} \quad (\mathrm{mm}) \tag{3.12}$$

(5) 同时承受弯矩和转矩的轴

当弯矩M(N·mm)和转矩T(N·mm)同时作用在轴上时，求解得出与仅承受转矩的场合具有相同效果的等效转矩T_e或者与仅承受弯曲力矩的场合具有相同效果的等效弯矩M_e。用这一等效力矩分别作为单独施加的载荷，求解得出轴的直径，并选择它们之中的较大值。

等效转矩：

$$T_e = \sqrt{M^2 + T^2} \tag{3.13}$$

等效弯矩：

$$M_e = \frac{M + T_e}{2} \tag{3.14}$$

对于实心轴，由式（3.11），有：

$$d = \sqrt[3]{\frac{32M_e}{\pi\sigma_b}} \tag{3.15}$$

由式（3.6），有：

$$d = \sqrt[3]{\frac{16T_e}{\pi\tau_a}} \tag{3.16}$$

对于空心轴，由式（3.12），有：

$$d = \sqrt[3]{\frac{32M_e}{\pi\left(1-i^4\right)\sigma_b}} \tag{3.17}$$

由式（3.8），有：

$$d = \sqrt[3]{\frac{16T_e}{\pi\left(1-i^4\right)\tau_a}} \tag{3.18}$$

3.3 请求解同时承受12000N·mm弯矩和5000N·mm转矩的低碳钢实心轴的直径。这里，许用弯曲应力为60MPa，许用扭转应力为50MPa。

解：

由式（3.13）求得等效转矩为：

$$\begin{aligned} T_e &= \sqrt{M^2 + T^2} = \sqrt{12000^2 + 5000^2} \\ &= \sqrt{144000000 + 25000000} = \sqrt{169000000} \\ &= 13000\ (\mathrm{N \cdot mm}) \end{aligned}$$

第3章 轴类零件

由式（3.14）求得等效弯矩为：

$$M_e = \frac{M + T_e}{2} = \frac{12000 + 13000}{2} = 12500\ (\text{N} \cdot \text{mm})$$

由式（3.15）代入许用弯曲应力σ_b=60MPa，得：

$$d = \sqrt[3]{\frac{32M_e}{\pi\sigma_b}} = \sqrt[3]{\frac{32 \times 12500}{\pi \times 60}} = \sqrt[3]{2123.1}$$

$$= 12.85\ (\text{mm}) \approx 12.9\text{mm}$$

由式（3.16）代入许用扭转应力τ_a=50MPa，得：

$$d = \sqrt[3]{\frac{16T_e}{\pi\tau_a}} = \sqrt[3]{\frac{16 \times 13000}{\pi \times 50}} = \sqrt[3]{1324.8}$$

$$= 10.98\ (\text{mm}) \approx 11.0\text{mm}$$

上述计算结果中，安全侧的轴直径取较大的12.9mm，由表3.1在大于该计算值中选择，确定轴的直径为14mm。

（6）轴的刚度

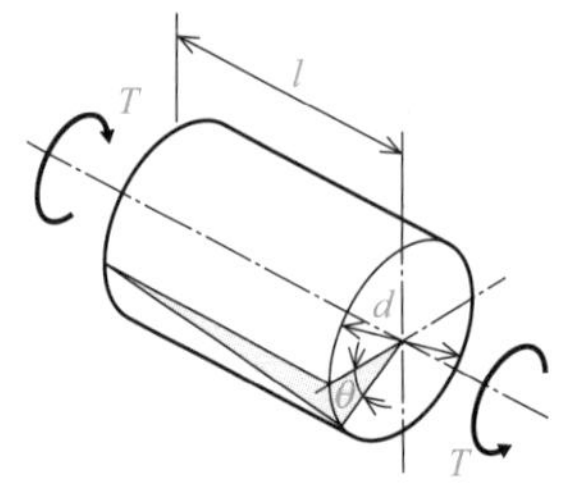

图3.9　轴的扭转角度

当传递转矩的轴的扭转角过大时，就会引起扭转振动。因此，不管轴的强度如何，都必须要限制扭转角。

图3.9所示的轴的扭转角度为θ(°)，当轴的长度为l(mm)、剪切弹性模量为G(MPa)、抗扭惯性矩为$I_p = (\pi/32)d^4$ (mm^4)、转矩为T(N·mm)时，由式（1.37）计算有：

扭转角

$$\theta = \frac{Tl}{GI_p} \times \frac{360}{2\pi} = \frac{Tl}{G} \times \frac{32}{\pi d^4} \times \frac{360}{2\pi} \quad (3.19)$$

则轴径

$$d = \sqrt[4]{\frac{360 \times 32Tl}{2\pi^2 G\theta}}\ \ (\text{mm}) \quad (3.20)$$

考虑传动轴的刚度时，通常将每米长度轴的允许扭转角设定为1/4°。在式（3.20）中，代入θ=1/4°和l=1000mm。另外，由于传动轴几乎都使用钢材制造，而钢的剪切弹性模量G=80×10^{3}MPa，将T=9.55×10^3×（P / n）(N・mm) 等都代入式（3.20）中，则轴径d (mm) 如下式所示。

$$d = \sqrt[4]{\frac{360 \times 32 \times 9.55 \times 10^3 \times P \times 1000 \times 4}{2 \times \pi^2 \times 80 \times 10^3 \times n}} \approx 23\sqrt[4]{\frac{P}{n}} \text{ (mm)} \tag{3.21}$$

在考虑刚度的传动轴中，从强度和刚度两方面计算轴的直径，并将其较大的数值确定为轴直径。

3.4 当许用扭转应力为40MPa、转矩为5000000N・mm作用在低碳钢实心轴上时，求解该轴的直径。此外，如果轴的长度为1m，求其扭转角。这里，剪切弹性模量为80000MPa。

解：

由式（3.5）有：

$$d \approx 1.72\sqrt[3]{\frac{T}{\tau_a}} = 1.72\sqrt[3]{\frac{5000000}{40}} = 1.72 \times 50 = 86 \text{ (mm)}$$

由表3.1，轴的直径向上圆整取为90mm。

由式（3.19）有：

$$\theta = \frac{Tl}{GI_p} \times \frac{360}{2\pi} = \frac{Tl}{G} \times \frac{32}{\pi d^4} \times \frac{360}{2\pi} = \frac{5000000 \times 1000 \times 32 \times 360}{80000 \times \pi \times 90^4 \times 2\pi} = 0.5565^\circ$$

因此，直径为90mm，扭转角为0.557°。

3.3 键与花键轴

键用于牢固地连接旋转轴和旋转体

❶ 键和花键是连接轴和旋转体的机械零件。
❷ 在JIS标准中规定了键的形状尺寸和长度。
❸ 花键利用多个齿来固定轴和轮毂，使轮毂在轴上滑动的同时能够传递动力。

（1） 键的类型

当在轴上安装齿轮或带轮等旋转体时，将两个物体集成一体而达到传递转动的零件即为**键**。键通常采用比轴硬的材料制作，放入轴和旋转部件之间的键槽内使用。在JIS B1310中规定有平键、楔键、半圆键等。

1）平键

平键是上下表面平行的长方体，包括图3.10（a）所示的轴向上没有螺孔和有螺孔的两种类型。当轮毂在轴上移动时，使用有螺孔的平键并用小螺钉固定到轴上。没有螺孔的平键形状尺寸如表3.3所示。

2）楔键

在楔键的上表面有1∶100的斜度，用于牢固地连接轴和轮毂。如图3.10（b）所示，楔键分为普通楔键和钩头楔键，键上钩头的作用是便于将键取下。楔键的形状尺寸如表3.3所示。

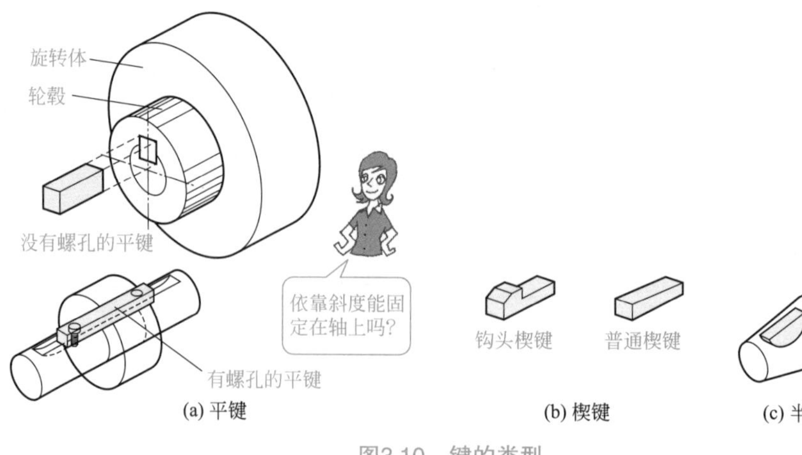

图3.10　键的类型

3）半圆键

如图3.10（c）所示，半圆键的侧面呈现半圆弧状；键和键槽加工容易，但轴上的键槽较深，降低了轴的强度，一般只在受力较小的部位采用。

表 3.3　平键与楔键的形状和尺寸（摘自日本 JIS B 1301–2009）

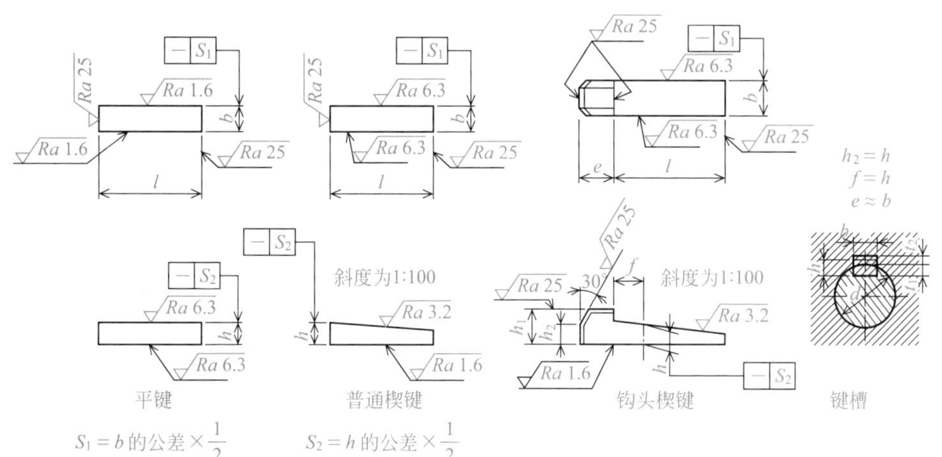

主要尺寸　　mm

键的公称尺寸 $b \times h$	h 的基本尺寸		l[①]	t_1 的基本尺寸	t_2 的基本尺寸		参考
	平键	楔键			平键	楔键	适合的轴径 d[②]
2×2	2		6～20	1.2	1.0	0.5	6～8
3×3	3		6～36	1.8	1.4	0.9	8～10
4×4	4		8～45	2.5	1.8	1.2	10～12
5×5	5		10～56	3.0	2.3	1.7	12～17
6×6	6		14～70	3.5	2.8	2.2	17～22
（7×7）	7	7.2	16～80	4.0	3.3	3.0	20～25
8×7	7		18～90	4.0	3.3	2.4	22～30
10×8	8		22～110	5.0	3.3	2.4	30～38
12×8	8		28～140	5.0	3.3	2.4	38～44
14×9	9		36～160	5.5	3.8	2.9	44～50
（15×10）	10	10.2	40～180	5.0	5.3	5.0	50～55
16×10	10		45～180	6.0	4.3	3.4	50～58
18×11	11		50～200	7.0	4.4	3.4	58～65
20×12	12		56～220	7.5	4.9	3.9	65～75
22×14	14		63～250	9.0	5.4	4.4	75～85
（24×16）	16	16.2	70～280	8.0	8.4	8.0	80～90
25×14	14		70～280	9.0	5.4	4.4	85～95
28×16	16		80～320	10.0	6.4	5.4	95～110

① l在表格范围内从下述数据中选择：6mm、8mm、10mm、12mm、14mm、16mm、18mm、20mm、22mm、25mm、28mm、32mm、36mm、40mm、45mm、50mm、56mm、63mm、70mm、80mm、90mm、100mm、110mm、125mm、140mm、160mm、180mm、200mm、220mm、250mm、280mm、320mm、360mm、400mm。楔键为6～30mm。

② 作为参考给出的适用轴径只不过是一般使用情况下的大致值。选择键时，最好确定与轴扭矩对应的键的尺寸和材料。原则上，键用材料的抗拉强度应在600MPa以上。

注：本表规定了$b \times h$在100mm×50mm以下的公称尺寸，但是，请勿使用带有括号的公称尺寸。

(2) 键的设计

1）键的选择

适合于轴直径的键通常是基于经验来选择类型和尺寸，经过计算验证，并根据标准从表3.3中选择。

另外，当轴的直径为d时，键的长度l能够以$l \geqslant 1.3d$的条件求解得出。

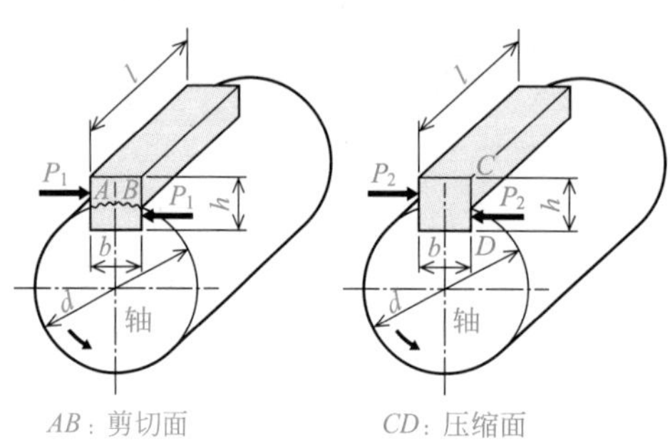

图3.11 键的强度计算

2）键的强度计算

在图3.11所示的轴和轮毂上用固定在键槽中的键传递功率P时，键要受到由转矩引起的剪切力P_1和作用在键侧面的压力P_2，所以进行强度计算时要考虑这两种力。

在键承受剪切力的场合，假设轴的直径为d (mm)、键宽为b (mm)、键长为l (mm) 以及键用材料的许用剪切应力为τ_s (MPa)，则：

作用在键上的剪切力为

$$P_1 = \tau_s bl \quad \text{(N)} \tag{3.22}$$

键能够传递的转矩为

$$T_1 = P_1 \frac{d}{2} = \tau_s bl \frac{d}{2} \quad (\text{N} \cdot \text{mm}) \tag{3.23}$$

在键承受压缩力的场合，假设轴的直径为d (mm)、键高为h (mm)、键长为l (mm) 以及键用材料的许用压应力为σ_c (MPa)，则：

作用在键上的压缩力为

$$P_2 = \frac{h}{2} l \sigma_c \quad \text{(N)} \tag{3.24}$$

键能够传递的转矩为

$$T_2 = P_2 \frac{d}{2} = \frac{h}{2} l \sigma_c \frac{d}{2} \quad (\text{N} \cdot \text{mm}) \tag{3.25}$$

选取上式求解得到的转矩T_1和T_2之中较小的一个作为键能够传递的转矩，来确定键的尺寸。而且，基于轴径和键的尺寸比，参照表3.3进行选择。

另外，当已知转矩，假设键的宽度b和高度h，求解键的长度l时，则取上式中求解出的长度l之中的较大值。对于键的长度l，参阅表3.3中的注释①，并选择略大于计算长度的尺寸。

3.5 在直径为50mm的轴上，使用宽度为14mm、高度为9mm、长度为90mm的平键，传递600000N·mm的转矩。请核查该键的安全性。这里，许用剪切应力为30MPa，许用压应力为80MPa。

解：

关于剪切力，由式（3.23）得：

$$T_1 = P_1\frac{d}{2} = \tau_s bl\frac{d}{2} = 30\times14\times90\times\frac{50}{2} = 945000\ (\mathrm{N\cdot mm})$$

由于计算结果大于600000N·mm的转矩，因此是安全的。

关于压缩力，由式（3.25）得：

$$T_2 = P_2\frac{d}{2} = \frac{h}{2}l\sigma_c\frac{d}{2} = \frac{9}{2}\times90\times80\times\frac{50}{2} = 810000\ (\mathrm{N\cdot mm})$$

由于计算结果大于600000N·mm的转矩，因此是安全的。

因此，剪切力和压缩力都是安全的。

（3）花键和三角花键

1）花键

如图3.12所示，花键是在轴直径为d的外圆上平行等间距地加工有键形状的齿，并在轮毂上加工有与其配合的凹槽。虽然使用键不能传递太大的转矩，但由于花键中的齿共用承担转矩，因此能够传递大的功率。此外，可以使轮毂滑动到任何位置。

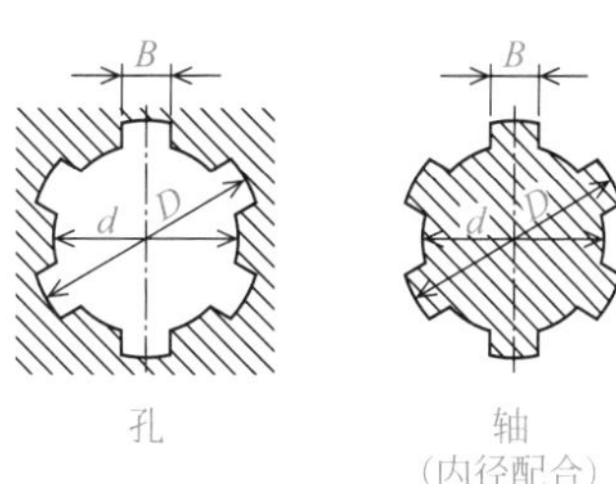

图3.12 矩形花键

2）三角花键

三角花键是在轴的外圆等间隔地加工有比花键更细的三角形齿，主要用于小直径轴的固定。

3.4 联轴器与离合器

轴与轴连接时要对中轴心

❶ 连接驱动轴与从动轴的机械零件称为联轴器。
❷ 在传递或者切断转动时所使用的机械零件称为离合器。
❸ 摩擦离合器设计中的要点是接触面积。

(1) 联轴器

当机器驱动轴的旋转运动传递到从动轴时，连接两个轴的机械零件称为联轴器。联轴器大致可以分为四种类型。

1）刚性联轴器

这是一种当两个轴的轴心在一条直线上时使用的轴联轴器（图3.13）。

2）挠性联轴器

这是一种当两个轴的轴心线很难重合时使用的联轴器。在连接部位安装有**衬套**（由橡胶等弹性体制成）以及齿轮或者滚子链等，从而能够补偿一些轴心偏差（图3.14）。

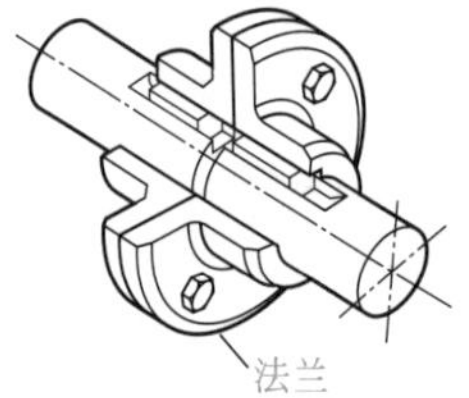

图3.13　刚性联轴器

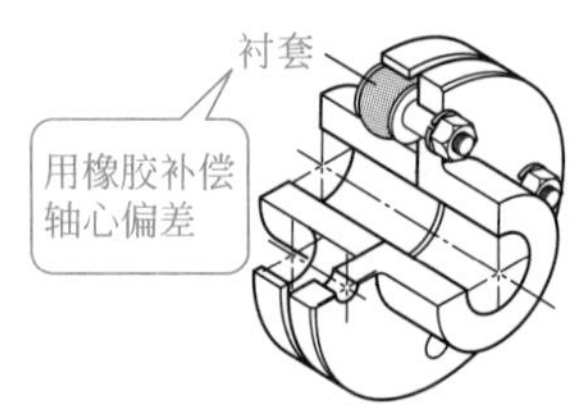

图3.14　挠性联轴器

3）十字滑块联轴器

这是一种当两个轴平行且略微错位时使用的联轴器。它不适合高速旋转的场合使用（图3.15）。

4）万向节联轴器

当两个轴以一定的角度相交时使用，用于汽车和机床（图3.16）。

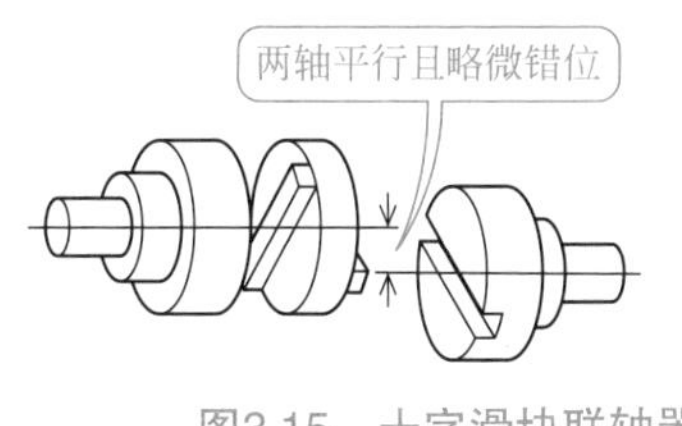

图3.15　十字滑块联轴器

图3.16　万向节联轴器

（2）离合器

能够将机器驱动轴的旋转运动向从动轴传递或者分离的联轴器称为**离合器**。

1）摩擦离合器

摩擦离合器是通过沿轴向按压两个法兰，利用在接触面上产生的摩擦力传递动力的离合器。这种离合器即使在旋转过程中也能自由地分离。根据摩擦表面的类型，分为盘式离合器、锥形离合器、鼓式离合器等。

2）牙嵌离合器

具有相互啮合棘爪的连接部位安装在轴的端部，所述的棘爪根据需要进行连接的离合器称为**牙嵌离合器**。牙嵌离合器的特性如表3.4所示。诸如梯形、三角形以及矩形等对称形状在旋转方向上没有问题，但螺旋形、锯齿形等不对称形状只限于一个方向旋转。离合必须在停止或者低速旋转时进行。

表 3.4　牙嵌离合器的特性

类型	三角形	锯齿形	螺旋形	矩形	梯形
形状					
载荷	轻载荷	比较重的载荷		重载荷	
旋转方向	旋转方向可变	旋转方向固定		旋转方向可变	
脱离	在旋转运动中可脱离			在停止中脱离	较矩形脱离容易

注：在表中图的右侧是从动侧，左右移动进行接合或者脱离。

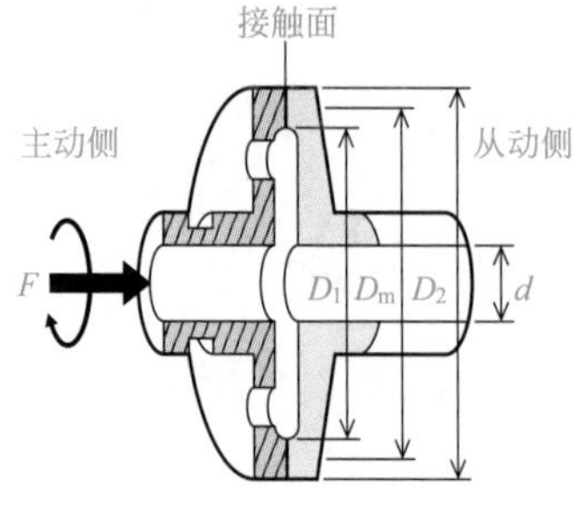

图3.17　摩擦离合器

3）摩擦离合器的设计

图3.17所示的是摩擦离合器。现在，假设接触面的外径为d_2(mm)、内径为d_1(mm)且接触面的平均压力为q(MPa)，则在摩擦离合器的接触面上沿轴向方向按压的力F(N)由下式表示。

$$F = q\frac{\pi}{4}\left(D_2^2 - D_1^2\right) \tag{3.26a}$$

能够传递的力矩（摩擦阻力矩）T(N・mm)由下式表示。

$$T = \mu F\frac{D_m}{2} = \mu F\frac{D_1 + D_2}{4} \tag{3.26b}$$

式中，D_m为接触面的平均直径，$D_m = \dfrac{D_1 + D_2}{2}$，mm；$\mu$为摩擦因数。

将式（3.26b）代入式（3.26a），则T可用下式表示。

$$\begin{aligned} T &= \mu q\frac{\pi}{4}\left(D_2^2 - D_1^2\right)\frac{D_1 + D_2}{4} \\ &= \frac{\pi\mu q}{16}\left(D_2 + D_1\right)^2\left(D_2 - D_1\right) \end{aligned} \tag{3.26c}$$

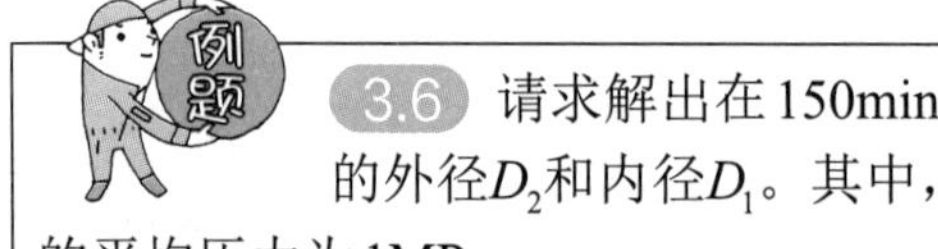

3.6 请求解出在150min传递9kW功率的钢制单板离合器接触面的外径D_2和内径D_1。其中，摩擦因数$\mu = 0.1$，$D_2 / D_1 = 1.3$，接触面的平均压力为1MPa。

解：

$$P = 9\text{kW} = 9000\text{W},\ n = 150\text{r/min},\ \mu = 0.1$$

由式（3.2），有：

$$\begin{aligned} T &= 9.55\times10^3\times\frac{P}{n} = 9.55\times10^3\times\frac{9000}{150} \\ &= 573\times10^3\ (\text{N}\cdot\text{mm}) \end{aligned}$$

将其代入式（3.26c），有：

$$573\times10^3=\frac{\pi\times0.1\times1}{16}\left(1.3D_1+D_1\right)^2\left(1.3D_1-D_1\right)$$

$$=\frac{\pi\times0.1\times1\times\left(2.3D_1\right)^2\times0.3D_1}{16}$$

$$=3.11\times10^{-2}\times D_1^3=\frac{3.11}{10^2}\times D_1^3$$

$$D_1=\sqrt[3]{\frac{573\times10^5}{3.11}}=264\approx270\ (\text{mm})$$

$$D_2=1.3D_1=1.3\times270=351\ (\text{mm})$$

因此，内径$D_1=270$ mm，外径$D_2=351$ mm。

习 题

习题1 请求解出以转速100 r/min传递功率5kW的轴所承受的转矩。

习题2 请求解出以转速500r/min传递功率20kW的轴径。这时，许用扭转应力为25MPa。

习题3 当许用扭转应力为40 MPa时，请求解承受8000000N·mm转矩的低碳钢实心轴的直径。

习题4 请求解出图3.8所示车轴的直径。这里，W=60kN，l=2000mm，l_2=1500mm，许用弯曲应力为50MPa。

习题5 求解出同时承受20kN·mm弯矩和6kN·mm转矩的低碳钢实心轴的直径。这里，许用弯曲应力为60MPa，许用扭转应力为30MPa。

习题6 当许用扭转应力为40MPa时，确定承受6000kN·mm转矩的低碳钢实心轴的直径，并求解出此时长度为2m的轴的扭转角。这里，剪切弹性模量为80000MPa。

习题7 有一传递3000kN·mm转矩的传动轴的直径为80mm。请确定轴上所用键的尺寸（$b\times h\times l$）。这里，键是平键，许用剪切应力为30 MPa，许用压应力为80 MPa。

习题8 请求解出在600 r/min内传递10 kW功率的单板离合器接触面的外径D_2和内径D_1尺寸。这里，摩擦因数$\mu=0.3$，$D_2/D_1=1.5$，接触表面的平均压力为2MPa。

第4章

轴　承

轴承是用于支撑轴进行传递动力和传递旋转运动的机械零件。轴承要能保证轴进行平稳旋转。轴承根据载荷的承受方式、轴与轴承的接触状态可划分成多种类型。

在本章中，以滑动轴承和滚动轴承为例，学习掌握各种机器和设备中使用的轴承类型和应用。在如何选择轴承方面，不仅要考虑强度，而且还要考虑摩擦和磨损。

4.1 轴承的分类

支撑旋转轴的机械零件

要点

❶ 按接触状态的性质可分为滑动轴承和滚动轴承。
❷ 按支撑载荷的性质可分为径向轴承和推力轴承。
❸ 掌握轴承的特性，选择适合目的的轴承。

如图4.1所示，支撑旋转轴的部件称为**轴承**，被轴承包围且旋转的轴的部位为称为**轴颈**。

图4.1　轴与轴承

（1）轴承的分类

根据轴承和轴颈的接触状况以及轴承所承受的载荷，进行如下的分类。

1）**滑动轴承**

如图4.2（a）所示，与轴颈进行滑动接触的轴承称为滑动轴承。

①**径向轴承**。径向载荷是指与轴成垂直作用的载荷，支撑径向载荷的轴承称为径向轴承。

②**推力轴承**。轴向载荷是指作用的载荷平行于轴，支撑轴向载荷的轴承称为推力轴承。

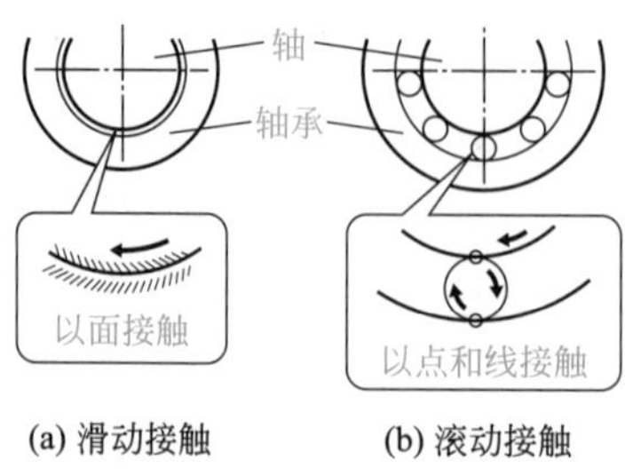

(a) 滑动接触　(b) 滚动接触

图4.2　接触状态

2）滚动轴承

如图4.2（b）所示，与轴颈以滚动形式接触的轴承称为滚动轴承。滚动轴承也与滑动轴承一样，分为径向轴承和推力轴承（图4.3）。

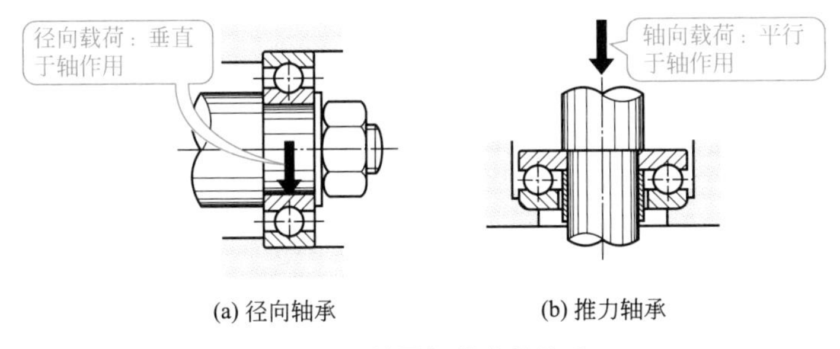

图4.3　轴承与载荷的关系

（2）滑动轴承的类型

1）径向轴承

用于承载径向载荷的径向轴承称为轴颈轴承。当考虑到轴承的磨损时，为了便于更换接触的部件，采用图4.4中所示的衬套。衬套采用柔软、适应性好的铜合金制造，在高速或者重载作用的场合，使用巴氏合金等。

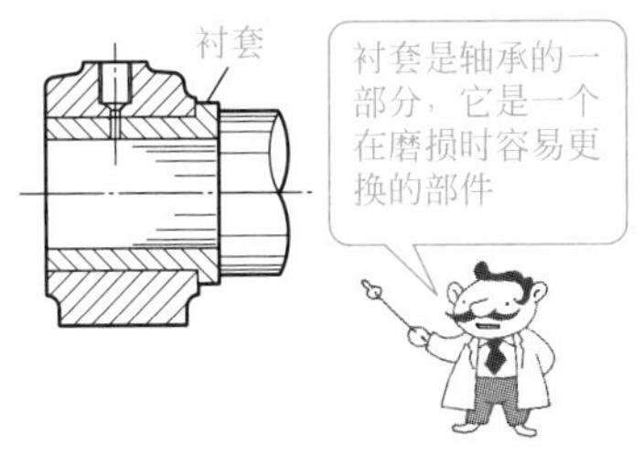

图4.4　衬套

考虑到轴的定准和安装等，使用将主体分成两半的轴承，如图4.5（a）所示。另外，在轴瓦上开有如图4.5（b）所示的油槽，这对遏制摩擦热的产生是有效的。

2） 推力轴承

推力轴承是一种承受轴向载荷的轴，适用于大载荷，应用于蒸汽涡轮机、水力涡轮机、水轮机等大型机械中。环式推力轴承是在轴的端部加工法兰环，法兰环与轴套接触，用法兰的端面来承受轴向载荷（图4.6）。

图4.7中所示的宝石轴承使用珠宝制造轴承，用于仪器等的轴承使用。

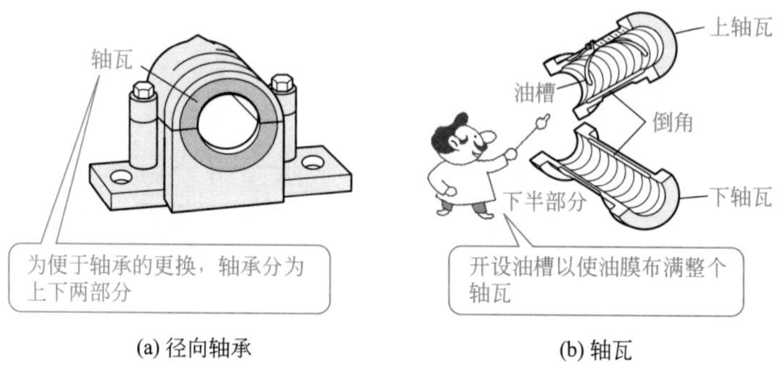

(a) 径向轴承　　(b) 轴瓦

图4.5　径向轴承和轴瓦

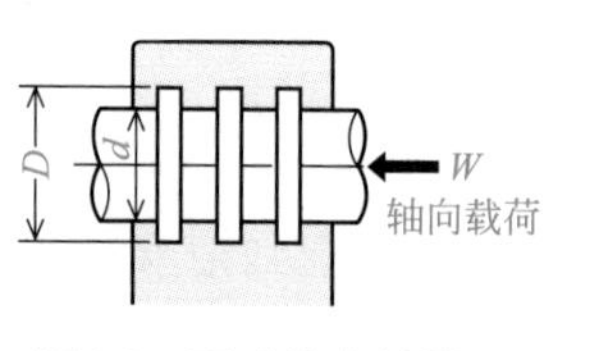

图4.6　环式推力轴承

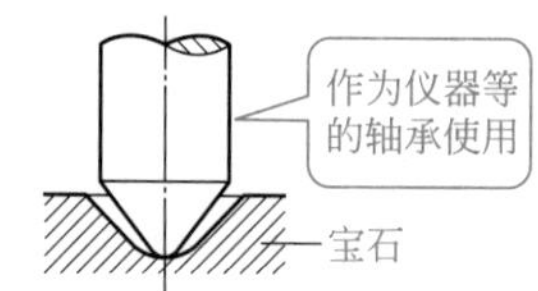

图4.7　枢轴轴承（宝石轴承）

3）静压轴承

静压轴承如图4.8所示，这是通过将来自轴承外部的恒定压力的油输送到轴和轴承之间的缝隙支撑轴的轴承。它被作为磨床或超精密车床的主轴轴承使用，适用于需要高精度旋转的轴承。

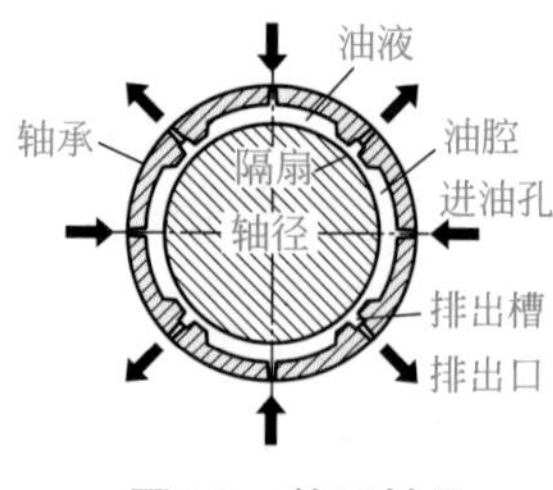

图4.8　静压轴承

(3) 滚动轴承的类型

如图4.9所示，滚动轴承由外圈和内圈组成的滚道、滚动体（球、滚柱、滚针）和保持架组成。这种轴承与滑动轴承不同，在接触面之间放入滚珠或滚柱之类的滚动件，由于采用滚动接触（点或者线接触），因此摩擦阻力小。滚动轴承大致分为滚珠轴承和滚子轴承，这取决于放入轴承滚道之间的滚动件的形状。

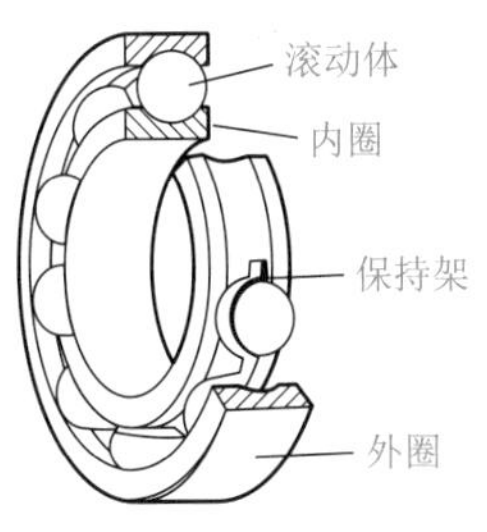

图4.9 滚动轴承的结构

1）球轴承

如图4.10所示，滚动体采用滚珠的轴承称为球轴承。由于滚珠与滚道为点接触，因此摩擦小，但是承担大负载能力较弱。

深沟球轴承结构简单，能够高速旋转，可以承受径向载荷和轴向载荷，应用广泛。此外，通过增加滚动体的滚珠列数，能够提高负载能力。

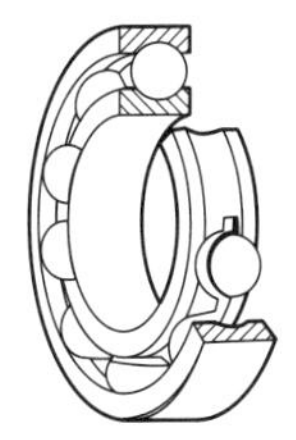
单列深沟球轴承

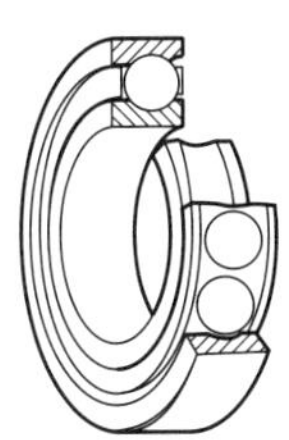
磁铁球轴承

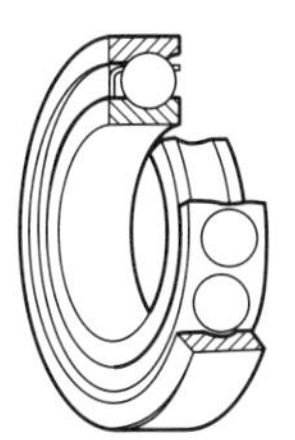
单列角接触球轴承

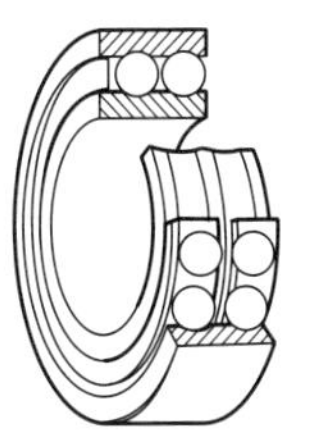
双列角接触球轴承

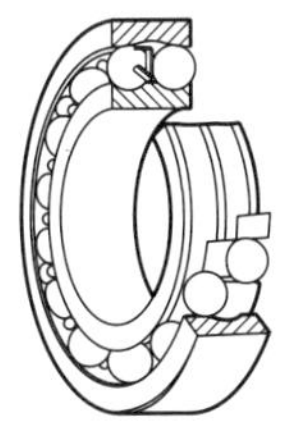
自调心球轴承

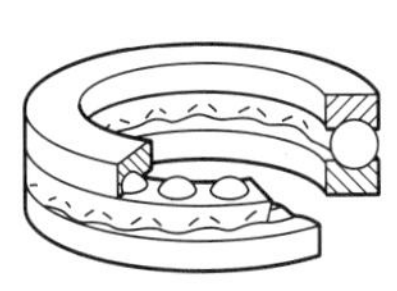
单列推力球轴承

图4.10 球轴承的类型

磁铁球轴承主要适用于自行车、摩托车中的小型发电机。这种轴承不适合承载轴向载荷，只适用于小型的高速旋转机构。

角接触球轴承能够承受径向载荷和单方向的轴向载荷。采用双列角接触球轴承能够承受两个方向的轴向载荷，适用于磨床的砂轮轴等高精度和高速旋转的场合。

在自调心球轴承中，外圈的滚道面是球面，而且球面的中心与轴承的中心重合，因此即使内圈相对于外圈倾斜或者安装时存在偏差，也能够调整姿态承受负载。

推力球轴承分为平底座和调心球面座两种类型。另外，双列推力角接触球轴承能够承受少许的径向载荷。

2）滚子轴承

使用圆柱状的滚子作为滚动体的轴承称为圆柱滚子轴承（图4.11），通过滚柱与滚道面的线接触，具有大于滚珠轴承的承载能力，主要承受径向载荷。

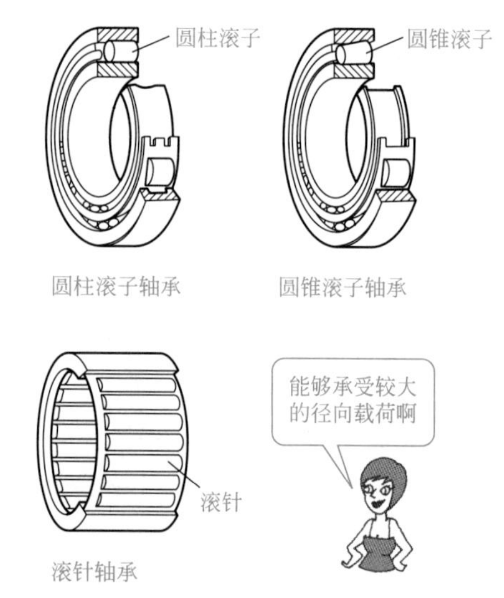

图4.11　滚子轴承的类型

双列圆柱滚子轴承具有抗径向载荷的刚性，适用于机床的主轴。在巧妙设计出的各种结构中，也有使用圆锥滚子和球面滚子的。圆锥滚子轴承从形状上可以承受轴向载荷和径向载荷。滚针轴承使用的滚针直径在5mm以下，滚针的长度与直径之比在3～10之间。这种轴承与其他轴承相比，宽度更宽，但外径变小，能够减轻轴承重量。

滑动轴承和滚动轴承的优缺点

滑动轴承与滚动轴承之间优缺点的比较如表4.1所示。

表 4.1　滑动轴承和滚动轴承之间的优缺点比较

比较项目	滑动轴承	滚动轴承
负载特性	适用于重载荷，尤其是冲击载荷	在冲击载荷下性能较差
速度	适用低速度	适用高速度
摩擦	启动摩擦大	启动时的摩擦比滑动轴承小
安装条件	结构简单，外径小，宽度大	要注意配合精度，外径大，宽度小
噪声	比较小	比较大
润滑	需要润滑装置	用油脂润滑，简单
寿命	长	短
维护	维护花费时间	简单
成本	便宜	贵
互换性	没有统一的规格，互换性不好	有统一的规格，互换性好

4.2 滑动轴承的设计

不仅要考虑强度，还要考虑摩擦、润滑

❶ 在设计滑动轴承时，首先要考虑轴颈的强度。
❷ 然后考虑轴承压力、摩擦热等因素，来确定主要尺寸。

(1) 径向轴承的设计

轴承的设计必须是在考虑轴颈的强度、轴承压力、摩擦热、宽径比及轴承结构等的基础上，进行确定。

1）轴径的强度

根据轴颈的强度来确定轴承的尺寸，这是在轴只承受弯曲载荷作用时采用与轴的直径相同尺寸的方法来确定轴承的尺寸。

① 轴颈在端部的场合。如图4.12（a）所示，均匀分布的载荷w(N/mm) 作用在直径d(mm) 的轴颈的整个长度l(mm) 上。可以将其视为具有均匀分布载荷w作用的悬臂梁，如图4.12（b）所示。

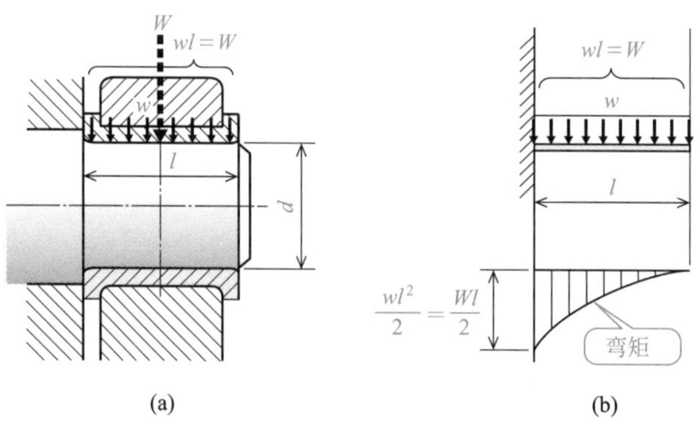

图4.12　轴颈在端部的场合

当考虑到总载荷W(N) 被施加到轴颈长度l的中心时，最大弯矩M可以通过下面的公式获得。

$$M = \frac{wl^2}{2} = \frac{Wl}{2} \tag{4.1a}$$

另外，由等式（1.28）以及表3.2，有：

$$M = Z\sigma_b = \frac{\pi d^3}{32}\sigma_b \tag{4.1b}$$

根据式（4.1a）和式（4.1b），确定端部的轴颈d。

$$M = \frac{Wl}{2} = \frac{\pi d^3}{32}\sigma_b \tag{4.1c}$$

② 轴颈在中间的场合。如图4.13所示的轴颈位于中间时，可以认为这是与图1.36（c）所示的外伸梁一样，最大弯矩发生在轴颈的中心部位。如果设轴颈中心部位左侧的载荷分别作用在中心点，则弯矩是：

$$\begin{aligned} M &= -\frac{W}{2}\left(\frac{l}{2}+\frac{l_1}{2}\right)+\frac{W}{2}\times\frac{l}{4} \\ &= -\frac{W}{8}\left(l+2l_1\right) \end{aligned} \tag{4.1d}$$

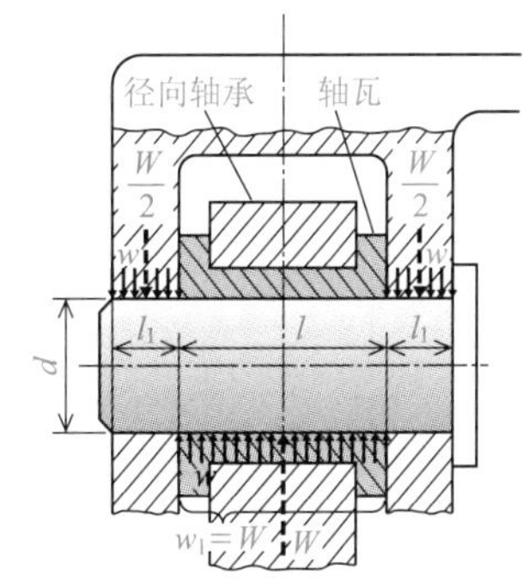

图4.13　轴颈位于中间

如果将式（4.1d）的绝对值代入式（4.1b）中，则能够求解出中间部位的轴颈尺寸d(mm)。

$$d = \sqrt[3]{\frac{4W\left(l+2l_1\right)}{\pi\sigma_b}} \tag{4.2}$$

2）**轴承压力**

轴承压力p(MPa)是将作用在轴承上的载荷W(N)除以轴颈的直径d(mm)和宽度l(mm)的乘积而获得的，并由下式表示。

$$p = \frac{W}{dl} \tag{4.3}$$

表 4.2　轴承的设计资料

机械名称	轴承	最大许用压强 p/MPa	最大许用压强速度系数 pV/$\mathrm{MPa\cdot m\cdot s^{-1}}$	动力黏度 η /MPa·s	最小许用 ($\eta N/p$①) 值 /$\mathrm{mPa\cdot s\cdot min^{-1}\cdot MPa^{-1}}$	标准间隙比 ϕ	标准宽径比 l/d
汽车用汽油发动机	主轴承	6③～12④	200	7～8	2000	0.001	0.8～1.8
	曲轴	10②③～35④	400		1400	0.001	0.7～1.4
	活塞销	15②③～40④	—		1000	< 0.001	1.5～2.2
往复泵压缩机	主轴承	2②	2～3	30～80	4000	0.001	
	曲轴	4②	3～4		2800	< 0.001	
	活塞销	7②③	—		1400	< 0.001 1.0～2.2 0.9～2.0 1.5～2.0	
车辆	轴	3.5	10～15	100	2000	0.001	1.8～2.0
蒸汽轮机	主轴承	1②～2④	40	2～11	15000	0.001	0.5～2.0
发电机、发动机、离心泵	旋转轴承	1②～1.5②	2～3	25	25000	0.0013	0.5～2.0
传动轴	轻载	0.2②	1～2	25～60	14000	0.001	2.0～3.0
	自动调心	1②			4000	0.001	2.5～4.0
	重载	1②			4000	0.001	2.0～3.0
机床	主轴承	0.5～2	0.5～1	40	150	< 0.001	1.0～4.0
冲床、剪床	主轴承 曲轴	28② 55②	—	100 100	—	0.001 0.001	1.0～2.0 1.0～2.0
轧机	主轴承	20	50～80	50	1400	0.0015	1.1～1.5
减速齿轮	轴承	0.5～2	5～10	30～50	5000	0.001	2.0～4.0

① 当用作设计标准使用时，为安全起见，取这个值的2～3倍。

② 滴油润滑或者油环润滑。

③ 飞溅润滑。

④ 强制润滑。

注：本表摘选自日本《机械工学手册》。

如果轴承压力不合适，接触面上的润滑油就会流出，使轴承接触面的摩擦力增加。因此，轴承压强应该小于表4.2中的最大许用压强。

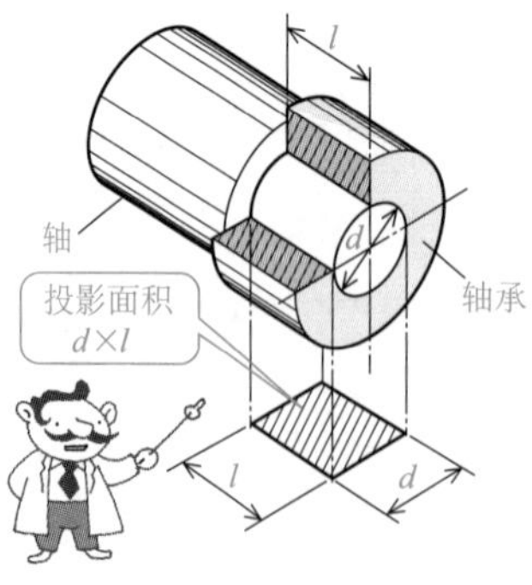

图4.14　宽径比

3）宽径比（图4.14）

径向轴承轴颈的宽度l(mm)与直径d(mm)的比值l/d称为宽径比，如果宽度l相对于直径d过大，则会成为引起咬合的原因；如果过短，就不能很好地形成油膜。表4.2给出了能够很好地形成油膜所需的标准宽径比的取值范围。

4）**摩擦热**

在滑动轴承中，轴承由于滑动表面摩擦而产生热量。这种热量会使轴承中的润滑油性能变差，从而导致烧伤。为了防止这种情况的发生，必须将轴颈每单位面积的摩擦功限制在一定范围内。

当轴颈的直径为d(mm)、轴承的宽度l(mm)、载荷为W(N)、摩擦因数为μ、滑动速度为V(m/s)和轴承压力为p(MPa)时，轴颈在单位时间内的摩擦功率P(W)可以通过下式求解得出。

$$P = \mu WV$$

此外，轴颈投影面积$d \times l$上的单位面积摩擦功率可以用下式求得。

$$\frac{P}{dl} = \frac{\mu WV}{dl} = \mu pV \tag{4.4}$$

在式（4.4）中，如果设μ的值固定，则只需将pV的值限制在一定范围内。表4.2给出了最大许用压强速度系数pV。

由式（4.4），当由pV值变换为包含转速n(r/min)的表达式时，有：

$$\begin{aligned} pV &= \frac{WV}{dl} = \frac{W}{dl} \times \frac{\pi dn}{1000 \times 60} \\ &= 5.24 \times 10^{-5} \times \frac{Wn}{l} \end{aligned} \tag{4.5}$$

$$l = 5.24 \times 10^{-5} \times \frac{Wn}{pV} \tag{4.6}$$

为了防止摩擦热，由表4.2确定了适当的pV许用值，并通过式（4.6）求解得出轴颈的长度。

4.1 请求解出以130r/min转速旋转，并承受25kN载荷车辆的末端轴的轴颈尺寸。

解：

由表4.2得，轴颈的宽径比为l/d=1.9，最大许用压强p=3.5MPa。由式（4.3）得：

$$W = pdl = 3.5 \times d \times 1.9d = 6.65d^2$$

将上式进行变换，求出轴径。

$$d=\sqrt{\frac{W}{6.65}}=\sqrt{\frac{25\times10^3}{6.65}}=61.3\ (\text{mm})$$

由表3.1查轴的轴径，选择$d=63$mm。

由宽径比$l/d=1.9$，得：

$$l=1.9d=1.9\times63=119.7\approx120\ (\text{mm})$$

由式（4.5）有：

$$\begin{aligned}pV&=5.24\times10^{-5}\times\frac{Wn}{l}\\&=5.24\times10^{-5}\times\frac{25\times10^3\times130}{120}\\&=1.42\ (\text{MPa}\cdot\text{m/s})\end{aligned}$$

这一计算值与表4.2中车辆的pV许用值［10～15MPa・m/s］相比非常小，说明这是安全的。

因此，取轴径为63mm，宽度为120mm。

（2）推力轴承的设计

1）推力轴承

在图4.15所示的轴径为d(mm)的推力轴承中，在轴端作用有W(N)的轴向载荷时，轴承压力p的有关计算如下。

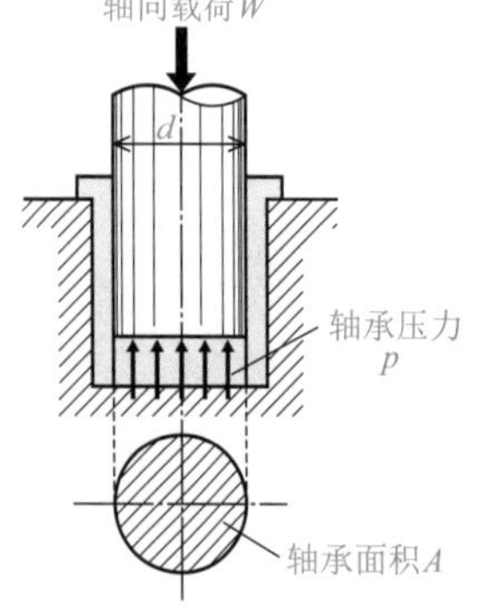

图4.15 推力轴承

受压面积：

$$A=\frac{\pi}{4}d^2\quad(\text{mm}^2)\qquad（4.7）$$

轴向载荷：

$$W=\frac{\pi}{4}d^2p\quad(\text{N})\qquad（4.8）$$

轴承的压力：

$$p=\frac{W}{\frac{\pi}{4}d^2}\quad(\text{MPa})\qquad（4.9）$$

通常，$p=1.5\sim2.0$MPa。

在考虑摩擦热时，限制$pV=1.5\sim2.0$MPa・m/s。

2）**环式推力轴承**

如图4.16所示，当轴上形成n个轴环［轴径为d(mm)，圆环直径为D(mm)］时，分析轴环面上承受轴向载荷W(N)的状况。

轴环的受压面积：

$$A=\frac{\pi}{4}(D^2-d^2)\quad (\text{mm}^2) \tag{4.10}$$

当有n个轴环时，轴向载荷：

$$W=\frac{\pi}{4}\left(D^2-d^2\right)np\quad (\text{N}) \tag{4.11}$$

轴承压力：

$$p=\frac{W}{\frac{\pi}{4}\left(D^2-d^2\right)n}\quad (\text{MPa}) \tag{4.12}$$

但是，pV值控制在采用径向轴承时的一半左右。

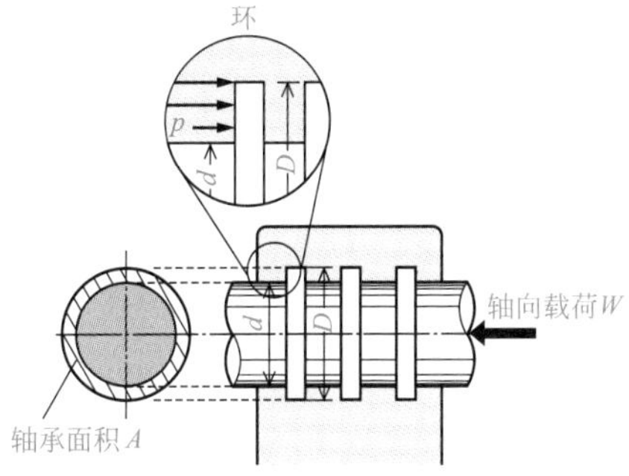

图4.16　环式轴承

4.3 滚动轴承的规格

滚动轴承的代号和轴承的类型与内径尺寸有关

❶ 代号由基本代号和辅助符号组成。
❷ 通过将内径代号乘以5mm，能够求解得到轴承的内径尺寸。

（1）滚动轴承代号

滚动轴承的类型和尺寸（内径、外径、宽度等）由日本标准JIS B 1513中规定的名称编号表示。代号由表4.3中所示的基本代号和辅助符号组成，用数字和符号的组合表示轴承类型、尺寸及精度等。

表4.3　滚动轴承代号的构成

基本代号			辅助符号					
轴承系列代号	内径序号	接触角代号	内部结构代号	密封代号或者防护代号	滚道形状代号	轴承的组合代号	径向轴承内部间隙代号	精度等级代号

注：1.接触角代号及辅助符号从左到右排列。
2.与我国规定不同，我国基本代号包括轴承系列代号和内径代号。

（2）轴承系列代号

轴承系列代号如表4.4所示，由表示结构形式的类型代号和表示尺寸系列的尺寸系列代号组成。

1）类型代号

类型代号根据轴承的类型用数字或者代号表示。例如，单列深沟球轴承的代号用6表示，单列圆柱滚子轴承的代号用NF表示，依此类推。

2）尺寸系列代号

尺寸系列代号以内径为基准，附加外径、宽度及高度，用如下的系列表示（图4.17）。

表 4.4　轴承系列代号[1]

轴承的类型		断面简图	结构代号	尺寸系列代号	轴承系列代号
深沟球轴承	单列		6	17	67
	设有止动槽			18	68
	非分离型			19	69
				10	60
				02	62
				03	63
				04	64
角接触球轴承	单列		7	19	79
	非分离型			10	70
				02	72
				03	73
				04	74
自调心球轴承	双列		1	02	12
	非分离型			03	13
	球面外圈滚道			22	22
				23	23
圆柱滚子轴承	单列		NU	10	NU10
	外圈两侧有挡边			02	NU2
	内圈无挡边			22	NU22
				03	NU3
				23	NU23
				04	NU4
	单列		NJ	02	NJ2
	外圈两侧有挡边			33	NJ22
	内圈单侧有挡边			03	NJ3
				23	NJ23
				04	NJ4
	单列		NUP	02	NUP2
	内圈一侧带（固定）挡边			22	NUP22
				03	NUP3
	另一侧带可分离的平挡圈			23	NUP23
				04	NUP4
	单列		NH	02	NH2
	内圈一侧带（固定）挡边			22	NH22
	另一侧带可分离的L形挡圈			03	NH3
				23	NH23
				04	NH4
	单列		N	10	N10
	外圈无挡边			02	N2
	内圈的两侧有挡边			22	N22
				03	N3
				23	N23
				04	N4
	单列		NF	10	NF10
	外圈单侧有挡边			02	NF2
	内圈的两侧有挡边			22	NF22
				03	NF3
				23	NF23
				04	NF4

轴承的类型		断面简图	结构代号	尺寸系列代号	轴承系列代号
圆柱滚子轴承	双列 外圈两侧有挡边 内圈无挡边		NNU	49	NNU49
	双列 外圈无挡边 内圈两侧有挡边		NN	30	NN30
实心滚针轴承	带内圈		NA	48	NA48
				49	NA49
	外圈双挡边			59	NA59
				69	NA69
	不带内圈		RNA	—	RNA48①
					RNA49①
	外圈双挡边				RNA59①
					RNA69①
圆锥滚子轴承	单列		3	29	329
	分离型			20	320
				30	330
				31	331
				02	302
				22	322
				22C	322C
				32	332
				03	303
				03D	303D
				13	313
				23	323
				23C	323C
自调心滚子轴承	双列		2	39	239
	非分离型			30	230
	球面外圈滚道			40	240
				41	241
				31	231
				22	222
				32	232
				03	213②
				23	233
单列推力球轴承	平底坐垫型		5	11	511
	分离型			12	512
				13	513
				14	514
双列推力球轴承	平底坐垫型		5	22	522
	分离型			23	523
				24	524
推力自动调心滚子轴承	平底坐垫型		2	92	292
	单列			93	293
	分离型			94	294
	座圈滚道面为球面				

①是从轴承系列NA48、NA49、NA59及NA69除去轴承内圈的辅助单元的系列代号。

②按尺寸系列应该是203，但通常习惯称为213。

注：本表内容均摘自日本JIS标准。

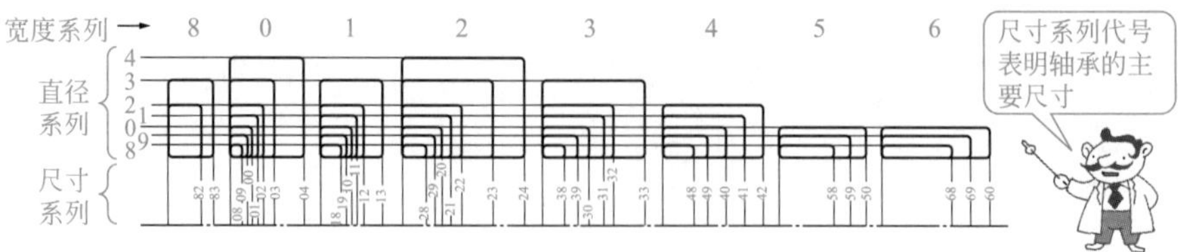

图4.17　径向轴承尺寸系列的图示表示（JIS B 1512）

① 直径系列：用系列表示的相对于轴承内径的轴承外径尺寸。

② 宽度系列及高度的尺寸系列：对于相同的轴承内径和相同的轴承外径，用系列表示轴承的宽度或高度。

（3）内径代号

内径代号表示轴承的内径（表4.5）。在表中的内径代号有04～96的数字，内径尺寸是通过将该数字乘以5mm而获得的。另外，在数字前面带有“/”（斜杠）的那些数字表示内径与表内数字相同。

例如，内径代号“10”的内径尺寸由10×5mm得到为50mm，内径代号“/500”的内径尺寸则是500mm。

表4.5　滚动轴承的内径代号与内径尺寸

内径代号	10以内	00	01	02	03	04～96	96以上
内径尺寸/mm	内径代号的数值	10	12	15	17	内径代号×5	内径代号的数值

（4）接触角代号

接触角代号仅仅与单列角接触球轴承和圆锥滚子轴承有关，如表4.6所示。

表4.6　滚动轴承的接触角代号

轴承的类型	公称接触角	接触角代号
单列角接触球轴承	10°～22°	C
	22°～32°	A
	32°～45°	B
圆锥滚子轴承	17°～24°	C
	24°～32°	D

（5）辅助符号

辅助符号表示的是密封或防护、轴承滚道形状、轴承的组合、径向内部间隙、精度等级等，如表4.7所示。

表 4.7　辅助符号

类别	内容或区分	辅助符号
密封或防护	两面带密封	UU②
	单面带密封	U②
	两面带防护	ZZ②
	单面带防护	Z
滚道形状	内圈圆孔	
	带法兰	F②
	内圈圆锥孔的基准锥度 1/12	K
	内圈圆锥孔的基准锥度 1/20	K30
	内圈上开设油槽	N
	带弹簧挡圈	NR

类别	内容或区分	辅助符号
轴承的组合	背靠背排列	DB
	正面相对排列	DF
	并列排列	DT
径向内部间隙	C2 间隙	C2
	CN 间隙	CN①
	C3 间隙	C3
	C4 间隙	C4
	C5 间隙	C5
内部尺寸	主要尺寸和辅助单元尺寸符合 ISO 355 的要求	J3②

类别	内容或区分	辅助符号
精度等级	0 级	
	6X 级	P6X
	6 级	P6
	5 级	P5
	4 级	P4
	2 级	P2

①能够省略。

②能够用其他的符号表示。

(6) 代号的应用

滚动轴承的代号可以通过目前为止所说明的数字与符号的组合，识别出轴承的类型、形状尺寸以及精度等。下面通过列举代号的应用示例进行说明（图 4.18）。

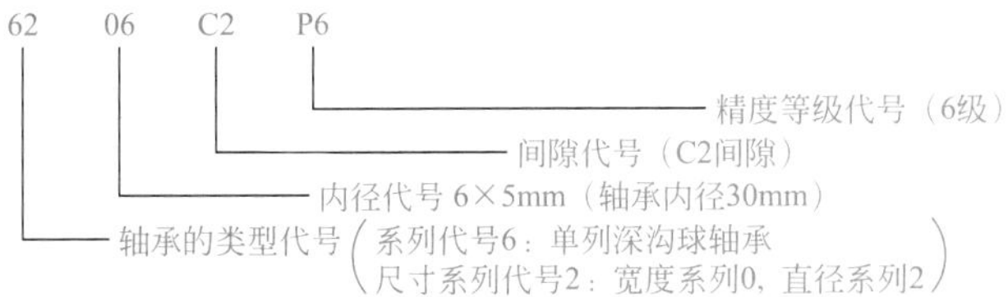

(a) 6206C2P6

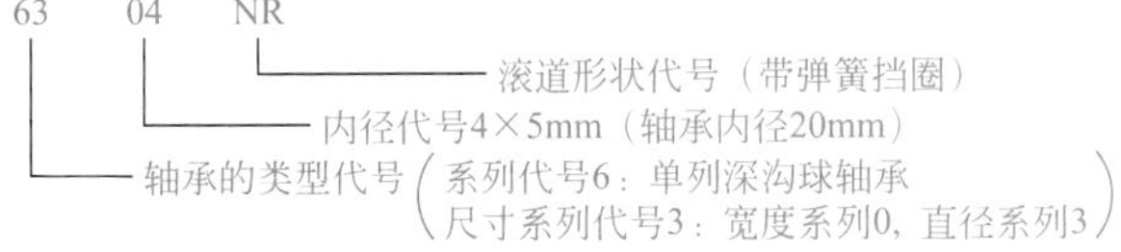

(b) 6304NR

图4.18　滚动轴承的代号

4.4 滚动轴承的选择

选择条件是寿命和载荷

❶ 滚动轴承的寿命是用损伤发生的总转数或者时间来表示的。
❷ 滚动轴承的额定载荷是选择的条件。

(1) 轴承的寿命与额定载荷

滚动轴承在损坏之前的总转数（在恒定转速下的时间）称为轴承的寿命。当同一组轴承在相同条件下运行时，90％的轴承能够承受的使用寿命称为**基本额定寿命**。

额定寿命达到100万转时的作用方向和大小都恒定的载荷 C(N) 称为**基本额定动载荷**。当滚动轴承在静止状态下承受载荷时，其产生最大应力的接触部位的永久变形量与滚道的永久变形量之和（永久变形量）为滚动体直径的0.0001倍时的这种载荷 C_0(N) 称为**基本额定静载荷**。

通常，基本额定动载荷可以参阅制造商的产品样本。径向球轴承的基本额定动载荷C和基本额定静载荷C_0如表4.8所示。

① 基本额定寿命的计算式。

当量载荷 W(N) 作用在具有基本额定动载荷 C(N) 的轴承上时，基本额定寿命（旋转单位为10^6rad）L_{10}由下式表示。

$$L_{10}=\left(\frac{C}{W}\right)^m\times 10^6\ \ (\text{rad}) \qquad (4.13)$$

式中　m——球轴承取3，滚子轴承取10/3。

基本额定动载荷C和当量载荷W按照JIS B 1518定义的方法计算。当量载荷是指一种具有与实际运行条件相同的寿命，并在方向和幅度上都不变化的载荷。在径向轴承的场合下，当量载荷是使内圈旋转且外圈保持静止时的方向和大小都不变的径向载荷，而在推力球轴承中，当量载荷是使内圈旋转且外圈静止时的作用在中心轴上的大小不变的轴向载荷。此外，当量载荷W可以采用下面的计算公式求解得到。

表 4.8　基本额定动、静载荷　kN

序号	内径/mm	径向球轴承												圆柱滚子轴承		圆锥滚子轴承		球面滚子轴承		推力球轴承	
		62		63		12		13		72		73		N2	N3	302	303	222	223	511	512
		C	C_0	C	C_0	C	C_0	C	C_0	C	C_0	C	C_0	C	C	C	C	C	C	C	C
00	10	4	2	6	4	4	1	6	2											8	10
01	12	6	3	8	4	5	2	8	3											7	9
02	15	6	4	9	5	6	2	8	4	7	5						13			8	12
03	17	8	4	10	6	6	2	10	4	8	6	12	8			10	16			8	13
04	20	10	7	13	8	8	3	10	4	11	8	14	10	10	14	15	20			11	17
05	25	10	7	17	10	9	4	14	6	13	10	20	16	10	18	17	27			15	21
06	30	15	10	22	15	12	6	17	8	18	14	26	21	15	26	22	34			15	22
07	35	20	14	26	18	13	6	20	10	23	19	31	25	22	31	34	42			16	29
08	40	23	16	32	22	15	8	24	12	28	23	38	32	27	38	35	51	53	62	20	35
09	45	26	18	35	30	17	9	30	16	32	27	49	43	29	51	38	62	58	74	21	36
10	50	28	21	49	36	17	10	35	17	33	29	58	50	30	59	44	76	67	100	21	36
11	55	34	26	56	43	21	13	41	22	41	37	67	59	37	75	52	87	82	115	27	52
12	60	41	32	64	48	24	15	46	26	49	45	76	67	44	84	61	102	100	140	31	55
13	65	45	36	73	55	24	16	49	29	56	53	86	78	53	99	72	119	110	150	31	56
14	70	49	39	82	63	27	18	59	35	61	58	97	90	54	110	77	135	115	191	32	57
15	75	52	42	89	72	32	20	63	38	64	62	105	100	62	132	85	150	118	195	33	58
16	80	57	46	97	80	32	22	69	42	72	70	114	113	72	140	95	165	120	230	34	59
17	85	66	55	104	88	39	27	78	48	83	80	123	126	81	157	113	185	152	250	35	71
18	90	75	63	112	98	46	30	92	55	94	94	133	140	103	170	125	216	167	290	44	87
19	95	86	72	120	112	50	35	104	62	102	108	142	155	115	183	139	239	202	310		
20	100	96	82	136	132	55	36	113	71	115	115	161	184	127	212	159	276	220	375	64	109

注：C为基本额定动载荷，C_0为基本额定静载荷，径向球轴承72、73接触角为20°。

在径向球轴承的场合下，由于轴承仅仅承受径向载荷F_r(N)的作用，因此当量载荷W_r(N)用下式计算。

$$W_r = F_r \tag{4.14}$$

在推力球轴承的场合下，由于轴承同时承受方向和大小都不变的径向载荷F_r(N)和轴向载荷F_a(N)的作用，因此当量载荷W_a(N)用下式计算。

$$W_a = XF_r + YF_a \tag{4.15}$$

式中，X为径向载荷系数；Y为轴向载荷系数。表4.9表示了径向球轴承的径向载荷系数X和轴向载荷系数Y。

实际上，作用在轴承上的力通常是复合载荷，这是径向载荷和轴向载荷同时作用的载荷。

表 4.9　径向球轴承（单列）的当量载荷的载荷系数（摘自日本 JIS B 1518）

$\frac{F_a}{C_0}$	e	$F_a/F_r \leqslant e$		$F_a/F_r > e$	
		X	Y	X	Y
0.014	0.19	1	0	0.56	2.30
0.028	0.22				1.99
0.056	0.26				1.71
0.084	0.28				1.55
0.11	0.30				1.45
0.17	0.34				1.31
0.28	0.38				1.15
0.42	0.42				1.04
0.56	0.44				1.00

注：F_a为轴向载荷，F_r为径向载荷，C_0为基本额定静载荷。

基本额定静载荷C_0和当量载荷W_{0r}按照JIS　B　1519规定的方法进行计算。径向球轴承的当量载荷W_{0r}应选用下列两个公式中得到的较大值。

$$W_{0r} = X_0 F_r + Y_0 F_a \tag{4.16}$$

$$W_{0r} = F_r \tag{4.17}$$

在深沟球轴承的场合下，表达式（4.16）设定$X_0 = 0.6$，$Y_0 = 0.5$，则有：

$$W_{0r} = 0.6F_r + 0.5F_a \tag{4.16}$$

当轴承的转速为某一恒定值n (r/min) 时，较为方便的是用时间为单位表示额定寿命。通过变换式（4.13），得到下式。

$$L_{10h} = \frac{L_{10}}{60n} = \frac{10^6}{60n}\left(\frac{C}{W}\right)^m \text{（时间）} \tag{4.18}$$

基本额定寿命如式（4.13）所示那样，使用转动的总转数表示比起使用时间的表示更方便；而如式（4.18）所示那样在旋转速度恒定的场合，用时间表示寿命方便。

② 速度系数和疲劳寿命系数。由于基本额定寿命10^6旋转圈数在转速为33.3r/min时就相当于运转500h，因此基本额定寿命的计算式能够由式（4.13）求解得到。

当轴以任意转速n (r/min) 转动时，额定寿命为500h的载荷为C_n (N)，而当量载荷W(N)的寿命设为L_{10h}（时间），有：

$$L_{10h} = 500\left(\frac{C_n}{W}\right)^m = 500 f_h^m \quad \text{（时间）} \tag{4.19}$$

式中，f_h称为疲劳寿命系数，并由下式表示。

$$f_h = \frac{C_n}{W} = \frac{C}{W} f_n \tag{4.20}$$

式中，f_n称为速度系数，并由下式表示。

$$f_n = \left(\frac{33.3}{n}\right)^{1/m} \tag{4.21}$$

式中，m的值为球轴承取3，滚子轴承取10/3。

③ 滚动轴承的许用旋转速度。滚动轴承由于结构类型、润滑方法等的原因，在长期使用上有安全转速的限制。将这称为许用旋转速度。在设计之际，将轴承的许用旋转速度作为使用条件的标准，用轴径d(mm)和旋转速度n(r/min)的乘积dn表示，称为dn值。表4.10表示轴承类型和各种润滑方法的dn值。

表4.10 dn值［摘自日本《机械工学手册（新版）》］ mm/min

轴承类型	油脂润滑	油润滑			
		油浴润滑	循环油润滑	喷油润滑	喷雾润滑
单列深沟球轴承	180000	300000	400000	600000	600000
自调心球轴承	140000	250000	—	—	—
角接触球轴承	180000	300000	400000	600000	600000
圆柱滚子轴承	150000	300000	400000	600000	600000
圆锥滚子轴承	100000	200000	250000	300000	—
自动调心滚子轴承	80000	120000	—	250000	—
推力球轴承	40000	60000	120000	—	150000

（2）轴承的选择

在选择滚动轴承时，利用轴承载荷、旋转速度以及寿命时间来选择能够满足设计指标的基本额定动载荷的轴承，进而轴承的极限速度也需要确认。

当轴承静止时，按基本额定静载荷来选择合适的轴承。

4.2 当单列深沟球轴承6212以速度200r/min旋转，且只承受30kN径向载荷时，请求解轴承的寿命。另外，请求*dn*值。

解：

在径向轴承的场合，由于轴承只承受径向载荷F_r (N)，因此当量载荷W_r (N)由式（4.14）给出。

$$W_r = F_r = 30\text{kN} = 30000\text{N}$$

基本额定动载荷由表4.8查出C=41kN=41000N（横轴表示形状的62C和纵轴表示序号的12的交点坐标为41kN）。

在旋转速度n=200r/min时，速度系数f_n由式（4.21）求解得出。在球轴承的场合，m=3。

$$f_n = \left(\frac{33.3}{n}\right)^{1/m} = \left(\frac{33.3}{200}\right)^{1/3} = 0.550$$

疲劳寿命系数f_h由式（4.20）求解得出。

$$f_h = \frac{C_n}{W} = \frac{C}{W_r} f_n = \frac{41000}{30000} \times 0.550 = 0.752$$

疲劳时间L_{10h}由式（4.19）求解得出。

$$L_{10h} = 500 f_h^m = 500 \times 0.752^3 = 212.6 \text{ (h)}$$

表示许用旋转速度极限的系数*dn*值通过轴径d和旋转速度n的乘积就能够获得。

在表4.5中，内径代号12的轴承内径为12×5mm，轴径d=60mm，*dn*值为60×200=12000，在表4.10中的单列深沟球轴承的极限值以内。

4.5 密封装置

防止润滑油的泄漏及外部异物的侵入

❶ 密封装置分为带有摩擦件的和不带摩擦件的。
❷ 轴承为防止润滑油泄漏或者外部异物的侵入使用密封装置。

(1) 有摩擦件的密封

1）O形密封圈

这是一种截面为圆形的密封圈，主要由合成橡胶制成。类型有适用于静止部位的固定式和适用于滑动部位的往复运动式。它的安装简单，具有优异的密封性能，通常被广泛使用（图4.19）。

2）油封

这是一种用于旋转轴的密封件，防止油从旋转轴的周边泄漏，外壳有橡胶的和金属的。油封的主要尺寸在JIS标准中有规定。

合成橡胶通常用于高速旋转件的密封。当使用油封时，也要向密封部位供油，以免引起发热、磨损及咬合。在高速、内部压力高或者污垢多等的场合，使用两个油封（图4.20）。

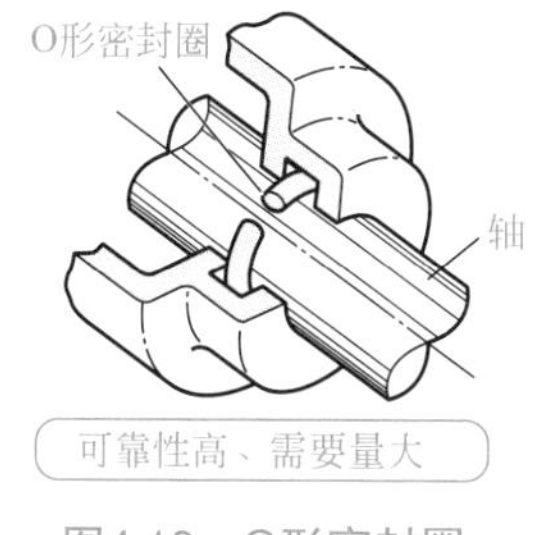

图4.19 O形密封圈

油封
润滑油
轴
弹簧
这是一种通过使用弹簧适当地压轴，防止油泄漏的机构

图4.20 油封

3）填料密封

填料密封是将填料装入填料箱内，用填料压盖沿轴向压缩填料，压迫其向半径方向扩展，防止泄漏（图4.21）。虽然摩擦阻力大，但有密封效果。填料的材料使用棉花、麻、石棉等。

图4.21 填料密封

第4章 轴承

(2) 无摩擦件的密封

这是一种不与轴摩擦接触而利用离心力进行密封的方法，速度越快，密封效果越好。

1）油槽

油槽是在轴或者轴承盖的任何一方上加工出几个槽，但在油润滑的场合下，两方都有油槽的效果更为有效（图4.22）。

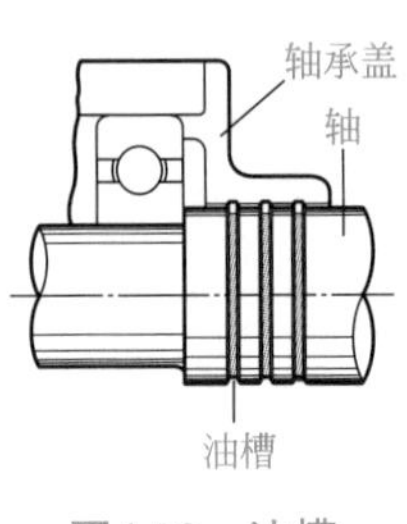

图4.22 油槽

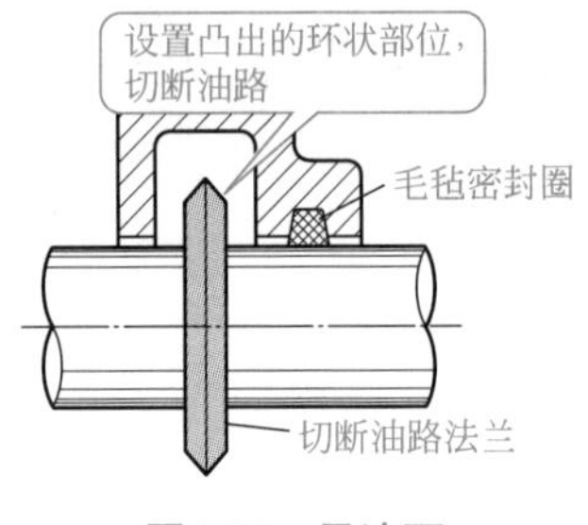

图4.23 甩油环

2）甩油环

这是一种在轴上设置法兰或者凸出部位，利用离心力散射油的方法。在有大量污垢等的场合，为了防止异物从外部进入，同时配合使用毛毡密封圈等（图4.23）。

3）迷宫式密封

所谓迷宫就意味着迷路，这是使流体的通道变窄，压力通过弯曲复杂的路径而降低，使得泄漏减少。虽然迷宫的加工制造烦琐，但没有接触部位，适合于高速轴的密封（图4.24）。

4）挡油圈

通过安装在轴上的挡油圈的离心力，吹出油和灰尘，起到防止漏油及防止灰尘的作用（图4.25）。

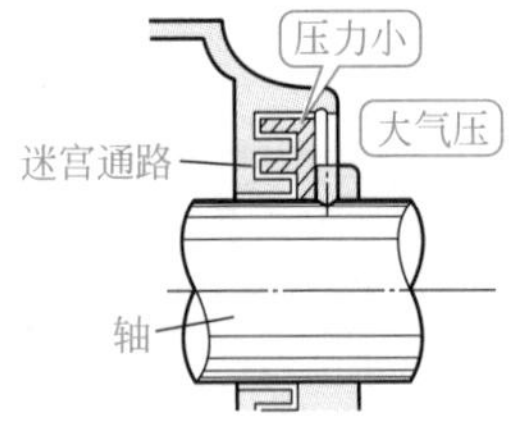

图4.24 迷宫式密封

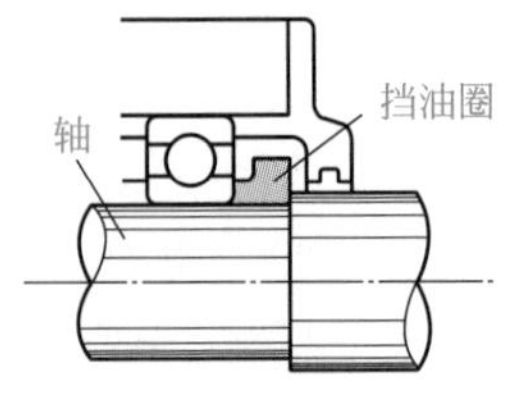

图4.25 挡油圈

习　题

习题1　请求解出旋转速度为400 r/min、承载20 kN的泵的轴端直径。这里，d/l=2，pV值为2MPa · m / s。

习题2　直径为155 mm、长度为240 mm的空气压缩机主轴承在270r/min的转速下支持40 kN的最大轴承载荷。请求解出最大的轴承压力和pV值。

习题3　直径75mm的轴承承受8 kN的轴向载荷。如果尝试使用带有3个圆环的环式推力轴承进行支撑，请求解出圆环的直径多少为好。这里，最大许用压力p为3MPa。

习题4　当单列深沟球轴承6305在650r/min的转速下仅承受3000N的径向载荷时，请求出使用寿命。另外，请求解出dn值。

习题5　在习题4中，当再增加1kN的轴向载荷时，请求解出使用寿命。

习题6　计划使用单列深沟球轴承6220，采用喷射方式进行油润滑。请求解出最高使用转速。

第5章

齿　轮

齿轮是一种机械零件，是在两个轴间用于可靠地传递旋转运动和动力的一种方式，这时的两轴间的距离相对较短，而且两个轴的相对位置可以是平行、相交或其他方便的方向。

为此，有各种类型的齿轮，如果一定要说明其用途，它们总是应用在机器的传动系统。一般进行齿轮设计的话，就能够达到机械设计的基本要求。那么，我们现在尝试一下齿轮的设计吧！

5.1 齿轮的种类

齿轮是机器中不可或缺的机械零件

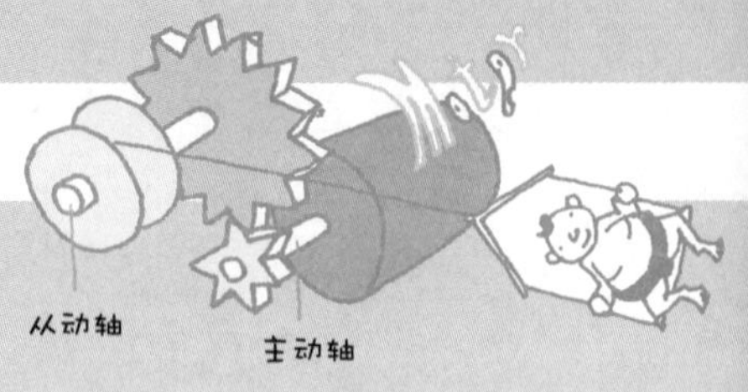

❶ 齿轮是在一对摩擦轮的圆周上加工成凸凹齿形所形成的工件。
❷ 齿轮一般成对使用，分别被安装在传递转动的主动轴侧与接收转动的从动轴侧。

(1) 摩擦轮和齿轮

图5.1表示了摩擦轮和齿轮的转动状态。

在利用摩擦轮的场合，由于旋转运动是靠传递转动的主动轮与接收转动的从动轮在圆周上的接触摩擦而进行的，因此当从动轮的负载逐渐增加或者主动轮的转动速度变得太快时，接触点就会发生滑动，不能安全准确地传递转动和功率。

齿轮就是在这种摩擦轮的圆周上，等间隔地加工出齿形。在一对齿轮的传动中，由于齿与齿间的相互啮合而传递转动，因此转速比摩擦轮更准确，并能够传递相当大的功率。

图5.1　摩擦轮和齿轮

在图5.1中，齿轮的分度圆直径相当于摩擦轮的直径（d_1，d_2）。齿轮传动的场合，在摩擦轮圆周相应的部位上有凹凸的齿相互啮合。齿轮的齿顶所形成的圆称为**齿顶圆**，齿根所形成的圆称为齿根圆，齿顶圆的**外径**称为**齿顶圆直径**。

在摩擦轮传动中，主动轮与从动轮之间的接触位于两轴的中心线上。在齿轮传动的场合，大齿轮与小齿轮的齿形在两个齿轮的分度圆接点处接触，并且该点称为啮合点。

（2） 按齿轮形状的分类

齿轮根据两轴的相对位置以及啮合的方法有多种类型。在图5.2中，给出了基于齿轮形状分类的类型和特征。为了区别两个齿轮，将具有较多齿数的齿轮称为大齿轮，而把具有较少齿数的齿轮称为小齿轮。

直齿轮传动	斜齿轮传动	人字齿轮传动	内齿轮传动
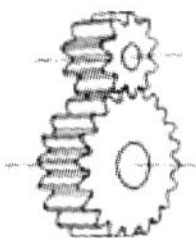	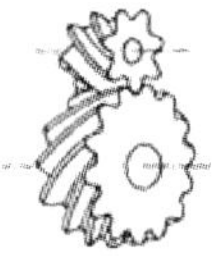	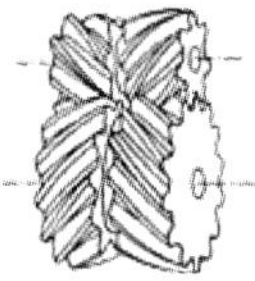	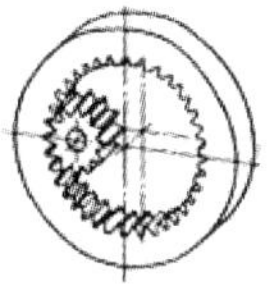
· 两轴平行 · 齿向平行于轴 · 易于制造 · 应用最多	· 两轴平行 · 齿向相对轴倾斜 · 传动平稳 · 产生轴向载荷	· 两轴平行 · 齿向相对轴倾斜 · 传动平稳 · 轴向载荷由齿向相互抵消	· 两轴平行 · 齿向平行于轴 · 转动方向相同 · 能够得到较大的减速比
齿轮和齿条传动	直齿圆锥齿轮传动	斜齿圆锥齿轮传动	冠齿轮传动
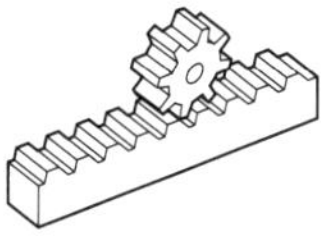	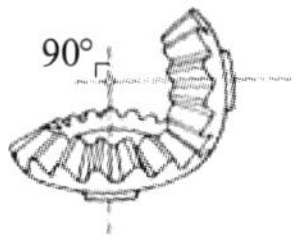	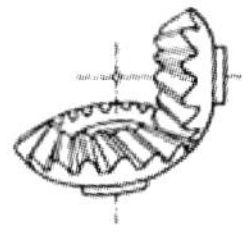	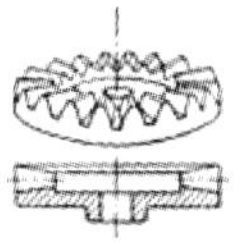
· 两轴平行 · 齿条可看成是将内齿轮的直径变成无穷大 · 能将旋转运动转换为直线运动，或者反之	· 齿向是直线，指向圆锥的顶点 · 两轴相交	· 齿向相对轴倾斜 · 两轴相交 · 传动平稳 · 产生轴向载荷	· 这是圆锥角为90°的圆锥齿轮 · 与直齿圆锥齿轮成对使用 · 齿向是直线
弧齿圆锥齿轮传动	偏轴圆锥齿轮	螺旋齿轮传动	蜗轮与蜗杆传动
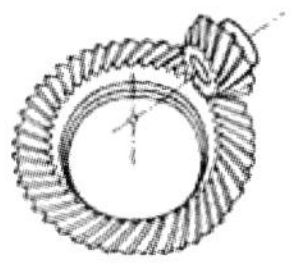	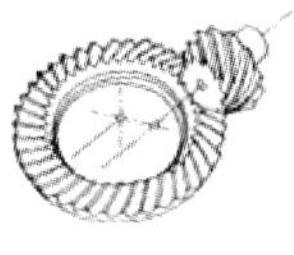	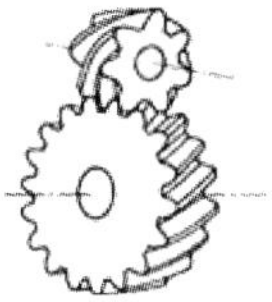	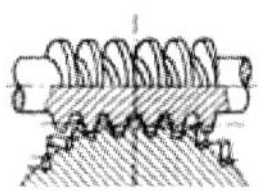
· 齿向相对分度圆的母线为曲线 · 传动平稳	· 两轴在空间不相交 · 传动平稳	· 齿轮如同在圆柱上有多条螺纹那样加工齿形 · 两轴在空间不相交	· 两轴不相交，由蜗杆和与其啮合的蜗轮组成，蜗杆在圆柱体上切出1条或者2条螺旋齿，而蜗轮是在圆板上加工齿槽 · 能够获得大的减速比 · 转动只能向蜗轮侧传递

图5.2　各种齿轮的形状

5.2 齿廓曲线与齿轮的形状

模数

渐开线

重要的是渐开线曲线和模数

❶ 齿廓曲线使用容易制造的渐开线曲线。
❷ 齿的大小用模数表示。

(1) 齿廓曲线

齿轮的齿廓曲线主要有**渐开线**和**圆弧线**。使用渐开线曲线的齿廓易于制造，并且即使齿轮的中心距离稍微有所改变，也能保持平稳的啮合，因此它适用于以动力传递为主的几乎所有的齿轮传动。

渐开线曲线是将缠绕在绕线柱上的细绳的一端张紧拉直松开时，由细绳的端部所绘制的轨迹。

具体的绘制方法参照图5.3，推荐使用如下所示的①～③步骤。

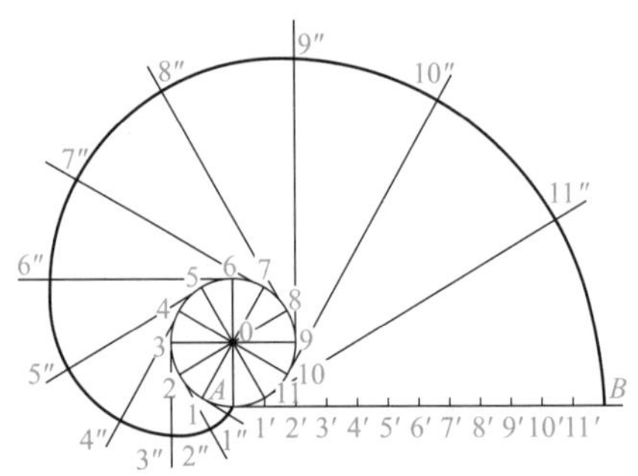

图5.3　渐开线曲线

①绘制一个与绕线柱直径相对应的基圆，将圆周进行适当的等分（图5.3中为12等分）。

②如图5.3所示，由点A绘制等于基圆周长的切线AB，并使长度的关系有$\overset{\frown}{A1}=\overline{A1'}$、$\overset{\frown}{A2}=\overline{A2'}$、$\overset{\frown}{A3}=\overline{A3'}$、…、$\overset{\frown}{A12}=\overline{A12'}$。

③在圆周上的各等分点绘制圆的切线，取长度$\overline{11''}=\overline{A1'}$、$\overline{22''}=\overline{A2'}$、$\overline{33''}=\overline{A3'}$等的点1″、2″、3″等，用圆规等将这些点光滑地连接起来。

在图5.4中，表示以渐开线曲线为齿廓的齿形。

分别将中心为O_1和O_2的两个基圆的共同切线Q_1Q_2连接成为一对渐开线齿的公

法线，其齿轮的转动接触点一边在公法线Q_1Q_2上移动，一边传递动力。这条直线Q_1Q_2就成为传递力的作用线。

两圆心的连接直线O_1O_2和公法线Q_1Q_2的交点P是一对渐开线齿轮的节点，通过节点以O_1和O_2为中心的圆是分度圆（节圆）。分度圆点P处的公切线为TT'，其与公法线Q_1Q_2构成的角度α称为**压力角**。

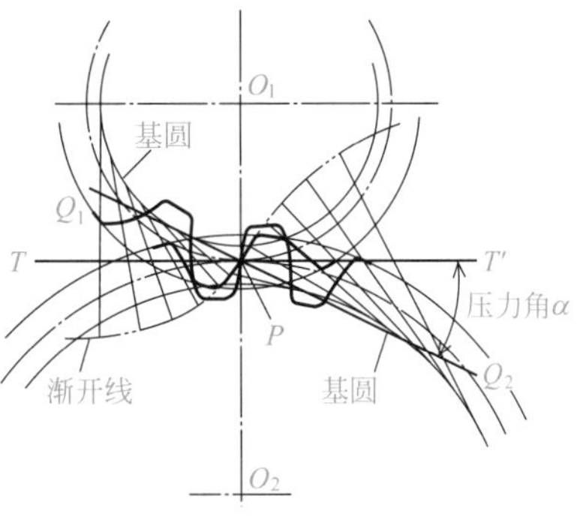

图5.4　渐开线齿廓

(2) 齿轮各部分的名称

1）分度圆直径和齿距

图5.5给出了直齿轮各部分的名称。

当设齿数为z时，分度圆直径d (mm) 与齿距p (mm) 之间有如下的关系。

$$p=\frac{\text{分度圆直径}}{\text{齿数}}=\frac{\pi d}{z}\ \text{(mm)} \qquad (5.1)$$

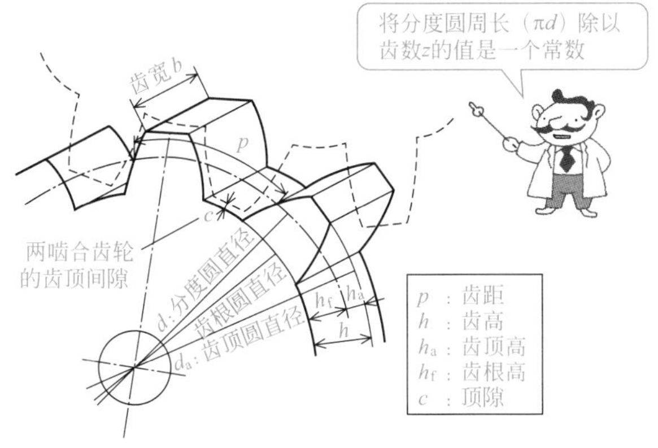

图5.5　直齿齿轮各部分的名称

2）模数

由式（5.1）可知，只要齿距是常数的，通过将分度圆直径除以齿数而获得的值就总是固定的。不过，由于齿距中含有圆周率π，因此导致数值变得复杂且难以处理。为此，d/z，即p/π称为模数m，这是用于表示齿廓大小的量。

$$m=\frac{d}{z}=\frac{p}{\pi}\quad \text{(mm)} \qquad (5.2)$$

在选择齿轮时，模数的标准值如表5.1所示。图5.6是模数与齿廓大小的比较。

表 5.1　模数标准值的系列

第一系列	第二系列	第一系列	第二系列	第一系列	第二系列
0.1		1.25		10	
	0.15	1.5			11
0.2			1.75	12	
	0.25	2			14
0.3			2.25	16	
	0.35	2.5			18
0.4			2.75	20	
	0.45	3			22
0.5			3.5	25	
	0.55	4			28
0.6			4.5	32	
	0.7	5			36
	0.75		5.5	40	
0.8		6			45
	0.9		7	50	
1		8			
	1.125		9		

注：第一系列优先选用，其次选用第二系列。

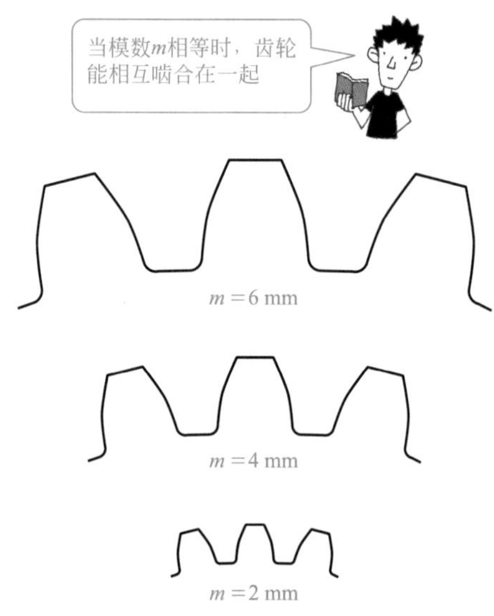

图5.6　模数与齿廓大小的比较

(3) 标准直齿轮的基本常识

设定齿顶的齿高h_a与模数m相等的直齿轮称为**标准直齿轮**，并且以模数为基准确定齿轮的各部分形状。这种齿形通常称为直齿。

在JIS标准中定义了渐开线齿形，图5.7展示出了JIS B 1701中所规定的标准齿条。齿轮切削使用的齿条刀具就是基于这种标准齿条齿形制造的。

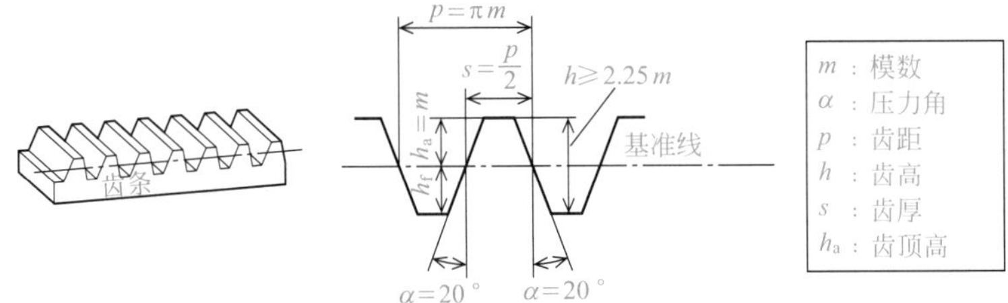

图5.7　标准齿条的齿形（JIS B 1701–1999）

在标准直齿轮的场合，齿根高h_f应该是1.25m或者更大些，因此有以下关系成立。

齿顶高：

$$h_a = m \tag{5.3}$$

齿根高：

$$h_f \geqslant 1.25m \tag{5.4}$$

齿高：

$$h = h_a + h_f \geqslant m + 1.25m = 2.25m \tag{5.5}$$

齿顶圆直径：

$$d_a = d + 2h_a = zm + 2m = (z+2)m \tag{5.6}$$

顶隙：

$$c = h_f - h_a \geqslant 1.25m - m = 0.25m \tag{5.7}$$

齿厚：

$$s = \frac{p}{2} = \frac{\pi m}{2} \tag{5.8}$$

齿根圆直径：

$$d_f = d - 2h_f \leqslant zm - 2.5m = (z-2.5)m \tag{5.9}$$

5.1　齿顶圆直径为54 mm、齿数为25的标准直齿轮的模数是多少？

解：由式（5.6），有：

$$m = \frac{d_a}{z+2} = \frac{54}{25+2} = 2$$

因此，模数为2mm。

5.3 齿轮的速度传动比与齿隙

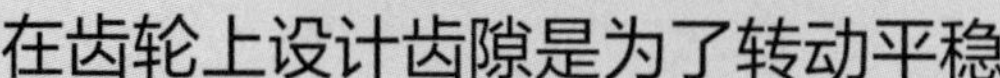

在齿轮上设计齿隙是为了转动平稳

❶ 齿轮的齿数与转速成反比。其比例就是速度的传动比。
❷ 平稳啮合需要适当的间隙。

（1） 齿轮转动速度的传动比

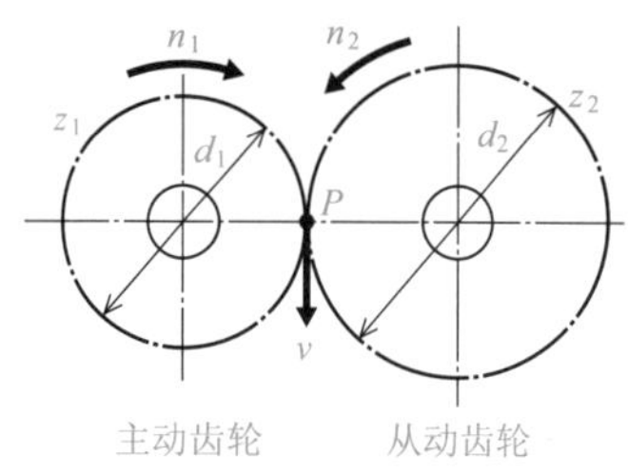

图5.8 齿轮转动速度的传动比

主动轴侧的齿轮称为主动齿轮，从动轴侧的齿轮称为从动齿轮，转动速度分别为n_1和n_2（r/min），齿数为z_1和z_2，分度圆直径为d_1和d_2（mm）。

在图5.8中的节点P处，由于两个齿轮的圆周速度相同，因此如果设ω_1和ω_2为各自的角速度的话，有：

$$\frac{d_1}{2}\omega_1 = \frac{d_2}{2}\omega_2 \tag{5.10}$$

$$\text{速度传动比}i = \frac{\text{主动齿轮的角速度}}{\text{从动齿轮的角速度}} = \frac{\omega_1}{\omega_2} = \frac{d_2}{d_1} = \frac{n_1}{n_2} = \frac{z_2}{z_1} \tag{5.11}$$

通过将大齿轮的齿数除以小齿轮的齿数而获得的比值称为**齿数比**。另外，圆周速度v（m/s）由下式表示。

$$v = \frac{\pi d_1 n_1}{1000 \times 60} = \frac{\pi d_2 n_2}{1000 \times 60} \tag{5.12}$$

另外，一对直齿轮的中心距a（mm）由下式表示。

$$a = \frac{d_1 + d_2}{2} = \frac{m\left(z_1 + z_2\right)}{2} \tag{5.13}$$

在齿轮传动装置中，齿轮中心距离a的精度非常重要。中心距离一旦变大，则齿面之间的间隙就变大，成为引起噪声和振动的诱因，加速齿顶的磨损。如果中心距离过小，将无法进行组装，而强制进行组装，运转就需要额外消耗功率。因此，需要有下面所说的齿隙。

(2) 齿隙

由于齿轮加工时的误差和装配过程中的误差相互重叠，因此即使在计算的中心距离上安装齿轮主轴，齿轮有时也无法正确转动。在这种情况下，最好是考虑齿隙。

齿隙是为使齿轮的转动平滑地进行，在齿廓和齿廓之间留出的一些游动的间隙。

如图5.9所示，有用啮合的分度圆上的圆弧长度表示的圆周方向上的齿隙和用非啮合侧齿面的最短距离表示的法线方向上的齿隙。

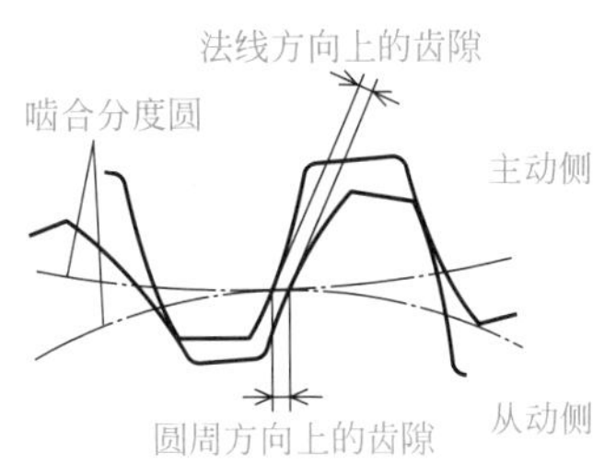

图5.9 齿隙

在标准直齿轮的场合，齿轮的齿厚略微加工变薄，从而产生齿隙。另外，通过使中心距离稍微变大，也能产生齿隙。在模数为3mm的直齿轮中，通常只需有0.2～0.4mm的齿隙，这与齿轮的精度有关。

5.2 模数为3mm，主动侧的齿数为50和从动侧的齿数为75的两个齿轮啮合。请求解出速度传动比。另外，请求解出中心距离为多少？

解：由式（5.11），有：

$$速度传动比i = \frac{从动侧的齿数}{主动侧的齿数} = \frac{z_2}{z_1} = \frac{75}{50} = 1.5$$

另外，中心距离由式（5.13），有：

$$a = \frac{m(z_1 + z_2)}{2} = \frac{3 \times (50 + 75)}{2} = 187.5\ (\text{mm})$$

5.4 齿轮的重合度、干涉以及变位直齿轮

人的牙齿排列得好，吃起来就容易

❶ 实际相互啮合的齿数对的平均值称为重合度。
❷ 当重合度较低时，轮齿之间会相互干涉。

（1）啮合的重合度

图5.10表示了直齿轮的啮合状况。主动齿轮在齿廓的a点处开始与从动齿轮啮合，并且它沿着啮合线Q_1Q_2移动，按照点$a \to c \to f$顺序地行进，在点f处脱离啮合。线的长度$\overline{af}$称为**啮合长度**。将啮合长度除以法线齿间距所得的值称为**重合度**。法线齿间距是指公法线上的间距或者基圆上的间距。

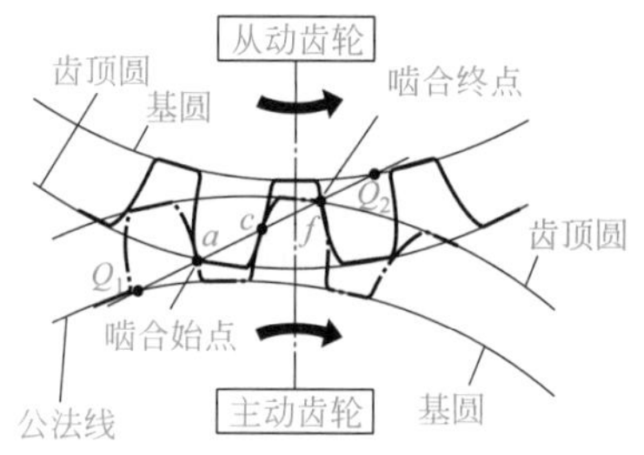

图5.10　齿轮的啮合

重合度表示了同时参与啮合的轮齿对数的平均值，通常为1.4～1.9。

（2）齿的干涉和齿的根切

在渐开线齿轮的正常啮合中，如图5.10所示，啮合长度af在公法线与两个齿轮基圆的切点Q_1和Q_2的范围内。当大齿轮的齿顶圆在Q_1Q_2的范围之外与公法线相交时，大齿轮的齿顶将顶入相啮合齿的齿根部。这种现象发生在齿轮的齿数较小时，齿轮的齿根被啮合齿轮的齿顶撞击而不能转动。这种现象称为**齿的干涉**。

当用齿条插刀或者齿轮滚刀等切齿工具展成加工齿轮时，如果发生这种干涉，齿根附近的渐开线曲线齿廓的一部分就会被切削刀具的刀尖所切掉，如图5.11所示。这种现象称为**齿的根切**。

当齿轮发生根切时，啮合长度就减小，啮合的重合度降低，齿强度减弱。因此，必须使用无根切的齿轮。图5.12是为了防止根切，采用变位齿轮。

顺便说一下，在压力角为20°的齿轮中，如果齿数理论上为17以上，则不会发生根切。实际上，允许有轻微根切时的齿数能够达到14。

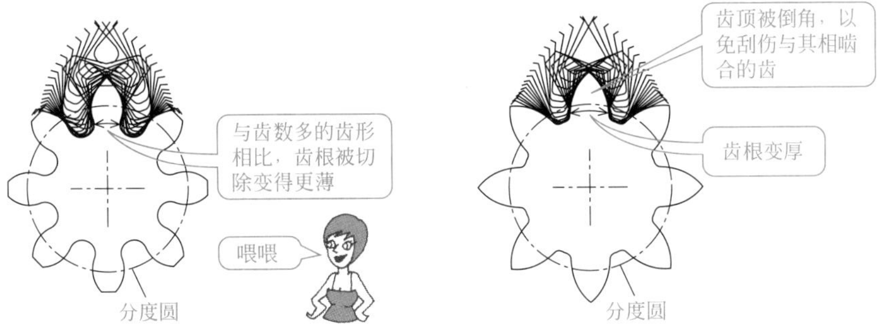

图5.11　切齿工具造成的根切

图5.12　无根切的齿轮

（3）变位直齿轮

在设计直齿轮时，有时需要稍微改变中心距离，或使齿数为14以下，或增加齿的强度等。此时，如图5.13所示，将齿条插刀的基准线偏离齿轮的标准位置，进行直齿轮的切制。这种齿轮称为**变位直齿轮**。

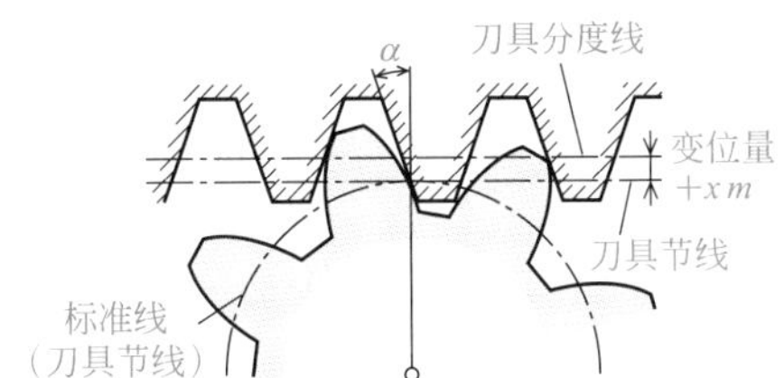

图5.13　齿条插刀和齿轮的变位

刀具移动的位移量称为**变位量**xm，用模数的x倍表示，x称为**变位系数**。

如图5.13所示，当齿条插刀的刀头在远离被切削齿轮的方向上移位时，齿轮的齿能够获得厚的齿根，且能防止根切。将齿条插刀不会导致根切的极限点的变位系数称为**避免根切的最小变位系数**。

5.5 直齿轮的强度

弯曲强度和齿面强度

❶ 齿轮能传递的功率大小由轮齿的强度和分度圆上的圆周速度决定。
❷ 齿轮的尺寸根据作用在齿上的载荷计算。

齿轮的强度从两个方面考虑，一是要防止齿从根部断裂而考虑弯曲载荷作用引起的弯曲强度；二是要防止齿面永久变形而考虑载荷作用在齿面引起的齿表面强度。

齿轮通常是一个齿或者两个齿同时啮合时承受负载，但是在这里计算出的负载应该是齿承受的最大负载，即啮合重合度是1，功率是由一对齿传递。

(1) 作用在齿上的力

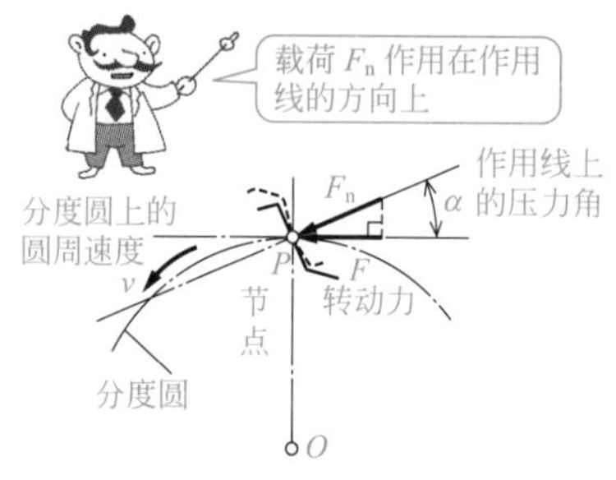

图5.14　作用在齿上的力

图5.14表示作用在齿上的力。当设传递功率为P (kW)、分度圆上的圆周速度为v (m/s)、作用在分度圆切线方向上的负载为F (N) 时，由式（1.10）建立如下的表达式。

$$P = \frac{Fv}{1000} \qquad F = \frac{1000P}{v} \tag{5.14}$$

作用在齿上的载荷F_n (N) 垂直于齿面并位于作用线上。假设压力角为α (°)，则载荷F由下式表示。

$$F = F_n \cos\alpha \tag{5.15}$$

(2) 齿根的弯曲强度

齿的弯曲强度是将齿作为悬臂，使得整个载荷都集中在齿顶上。在这种情况下，作用在齿上的最大弯矩和最大弯曲应力发生在齿根处。这个位置称为**危险截面**。

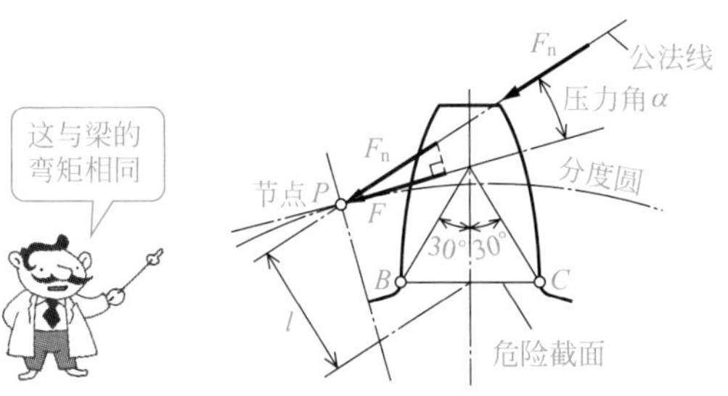

图5.15 作用在齿上的弯矩

图5.15表示作用在齿上的弯曲力矩。作出与齿廓的中心线成30°角的直线，分别与齿根的齿廓曲线相交于B点和C点，由连接点B和C的直线与齿宽b所形成的截面就是危险截面。

在齿根的危险截面中产生的最大弯矩M_{max}（N·mm）由图5.15及式（1.28）有如下表示。

$$M_{max} = F_n l = \frac{Fl}{\cos\alpha} = \sigma_{bmax} Z \tag{5.16}$$

式中，l为从危险截面BC的中点到齿顶的载荷作用线的距离，mm；σ_{bmax}为

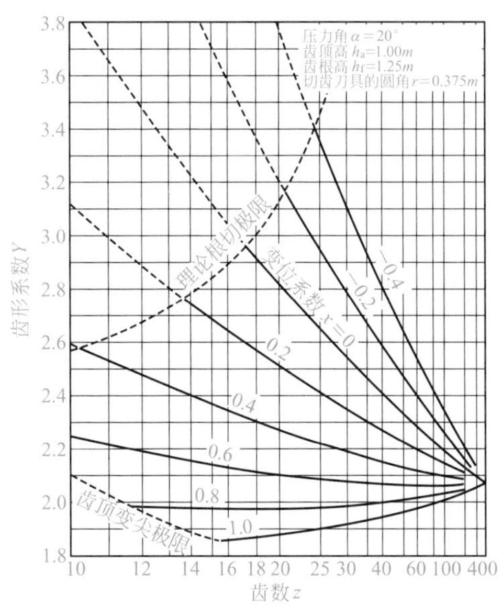

图5.16 直齿轮的齿形系数Y（日本齿轮工业协会，JGMA）

最大弯曲应力，MPa；α为压力角，（°）；Z为悬臂梁的齿的危险截面的抗弯截面系数，$Z=bs^2/6$，$s=\overline{BC}$。

由式（5.16），最大弯曲应力σ_{bmax}有如下表示。

$$\sigma_{\mathrm{bmax}}=\frac{Fl}{Z\cos\alpha}=\frac{6Fl}{bs^2\cos\alpha}=\frac{F}{bm}Y \tag{5.17}$$

式中，b为齿宽，mm；m为模数，mm；$Y=6(l/m)\left[(s/m)^2\cos\alpha\right]$。

式（5.17）中的Y是**齿形系数**，通常使用图5.16中所示的直齿轮的齿形系数。

式（5.17）中的最大弯曲应力σ_{bmax}(MPa)是通过考虑转动过程中的转矩波动和冲击载荷的**使用系数**K_{A}以及齿轮精度和转速的**动态载荷系数**K_{v}进行修正的。

另外，被修正计算的最大弯曲应力σ_{bmax}(MPa)应该小于齿轮的许用弯曲应力σ_{Flim}，如下式所示。

$$\sigma_{\mathrm{bmax}}=\frac{F}{bm}YK_{\mathrm{A}}K_{\mathrm{v}}\leqslant\sigma_{\mathrm{Flim}} \tag{5.18}$$

式中，Y为齿形系数；K_{A}为使用系数（表5.2）；K_{v}为动态载荷系数（表5.3）；σ_{Flim}为齿轮材料的许用弯曲应力，MPa。

分度圆上作用在切线方向的力F用下式表示。

$$F=\frac{\sigma_{\mathrm{Flim}}bm}{YK_{\mathrm{A}}K_{\mathrm{v}}} \tag{5.19}$$

表5.2 使用系数K_{A}

驱动机械的运转特征	工作机械的载荷特征		
	均匀载荷	中等程度的冲击	严重的冲击
均匀的载荷（电动机/涡轮机/液压马达等）	1.0	1.25	1.75
轻度的冲击（多气缸的内燃机等）	1.25	1.5	2.0
中等程度的冲击（单气缸的内燃机等）	1.5	1.75	2.25

注：摘自日本标准协会编的《基于JIS的机械系统设计手册》。

表 5.3　动态载荷系数 K_V

基于 JIS B 1702 的齿轮精度等级		分度圆上的圆周速度 v/(m/s)						
齿形		$v \leqslant 1$	$1 < v \leqslant 3$	$3 < v \leqslant 5$	$5 < v \leqslant 8$	$8 < v \leqslant 12$	$12 < v \leqslant 18$	$18 < v \leqslant 25$
非修整	已修整							
	1	—	—	1.0	1.0	1.1	1.2	1.3
1	2	—	1.0	1.05	1.1	1.2	1.3	1.5
2	3	1.0	1.1	1.15	1.2	1.3	1.5	—
3	4	1.0	1.2	1.3	1.4	1.5	—	—
4	—	1.0	1.3	1.4	1.5	—	—	—

注：摘自日本标准协会编的《基于JIS的机械系统设计手册》。

由式（5.19）可知，当分度圆上切线方向的力F为一恒定常数值时，如果齿宽b增加，则可以使模数m变得更小。模数m一旦变小，则啮合的重合度就能增加，能够获得平滑的转动。然而，随着齿宽的增加，会产生加工和安装误差增大的现象，导致齿面难以均匀接触，并会出现局部的载荷加大。为此，通常齿宽b通过表5.4中所示的其与模数m的比例，即参考**齿宽系数**（与我国的定义不同）$K=b/m$进行确定。

表 5.4　K 的值

齿宽的类型	普通齿（轻载荷用）～宽齿（重载荷用）
$K=\dfrac{b}{m}$	6～10

当齿数低于或等于30时，齿轮的齿宽通常在表5.4中查得值的基础之上增加2～5mm。

(3) 齿面的接触强度

当齿面上的接触应力过大时，就有可能发生齿面严重的磨损和齿面疲劳引起金属微粒剥落下来而形成凹坑（称为齿面点蚀）。因此，必须考虑作用在齿面上的压力极限，即齿面接触强度。为此，需要求解齿面的接触应力σ_H。

接触应力σ_H是基于赫兹方程推导而来的，该方程认为接触点处的齿面曲率半径分别为两个等效接触圆柱体的半径。当齿轮的材料是钢或者铸铁时，接触应力σ_H (MPa) 可以通过下式求解。

$$\sigma_H=\sqrt{0.35\times\frac{F_n}{b}\times\frac{1000E_1E_2}{E_1+E_2}\left(\frac{1}{r_1}+\frac{1}{r_2}\right)} \qquad (5.20)$$

式中，F_n为作用在齿顶的垂直齿面的载荷（法向载荷），N；E_1、E_2为小齿轮及大齿轮的弹性模量，GPa；r_1、r_2为在接触点的小齿轮及大齿轮的齿面曲率半径，mm。

在式（5.20）中，当考虑使用系数K_A和动态载荷系数K_v时，在分度圆切线方向上的力被定义为F(N)，则有如下的表示。

使用系数K_A和动态载荷系数K_v，则：

$$\sigma_H = \sqrt{\frac{F}{bd_1} \times \frac{u+1}{u}} Z_H Z_M \sqrt{K_A} \sqrt{K_v} \leqslant \sigma_{Hlim} \qquad (5.21)$$

式中，d_1等于小齿轮啮合标准圆直径（mz_1）；Z_H为区域系数，$Z_H=\frac{2}{\sqrt{\sin 2\alpha}}$，$\alpha$为压力角，在$\alpha = 20°$时，$Z_H = 2.49$；$u$为齿数比，$u=\frac{z_2}{z_1}$，$z_1 \leqslant z_2$；$Z_M$为材料的弹性影响系数，$Z_M=\sqrt{0.35 \times \frac{E_1 E_2}{E_1 + E_2}}$，见表5.5；$K_A$为使用系数；$K_v$为动态载荷系数；$\sigma_{Hlim}$为许用赫兹应力数，MPa，见表5.6。

表 5.5　材料的弹性影响系数 Z_m（《基于 JIS 的机械系统设计手册》）

齿轮			配对齿轮			材料的弹性影响系数Z_M / $\sqrt{MPa}$
材料	符号	弹性模量E / MPa	材料	符号	弹性系数E /MPa	
结构钢	①	2.06×10^5	结构钢	①	2.06×10^5	189.8
			铸钢	SC	2.02×10^5	188.9
			球墨铸铁	FCD	1.73×10^5	181.4
			灰口铸铁	FC	1.18×10^5	162.0
铸钢	SC	2.02×10^5	铸钢	SC	2.02×10^5	188.0
			球墨铸铁	FCD	1.73×10^5	180.5
			灰口铸铁	FC	1.18×10^5	161.5
球墨铸铁	FCD	1.73×10^5	球墨铸铁	FCD	1.73×10^5	173.9
			灰口铸铁	FC	1.18×10^5	156.6
灰口铸铁	FC	1.18×10^5	灰口铸铁	FC	1.18×10^5	143.7

① 钢包含碳素钢（S～C）、合金钢（SMn、SNCM、SCM）、氮化钢（SACM）及不锈钢（SUS）。

注：泊松比无论何种材料都设为0.3。

表 5.6　齿轮表面非硬化处理的材料

材料（箭头为参考）		硬度		拉伸强度下限/MPa	σ_{Flim}/MPa	σ_{Hlim}/MPa
		HBW	HV			
铸钢齿轮	SC360			363	102	333
	SC410			412	118	343
	SC450			451	129	353
	SC480			480	139	363
	SCC3A			539	155	382
	SCC3B			588	169	392
碳钢正火齿轮	↑	120	126	382	135	407
		130	136	412	145	417
		140	147	441	155	431
	S25C　↑	150	157	470	165	441
	↑	160	167	500	172	456
	↓	170	178	539	180	466
	S35C　↑　↑	180	189	568	186	481
	S43C	190	200	598	191	490
	S48C	200	210	627	196	505
	↓　S53C	210	221	666	201	515
	S58C	220	231	696	206	530
	↓　↓	230	242	725	211	539
	↓	240	252	755	216	554
		250	263	794	221	564

注：摘自日本标准协会编的《基于JIS的机械系统设计手册》。

因此，作用在切线方向上的力F(N) 由式（5.21）表示为：

$$F=\left(\frac{\sigma_{\mathrm{Hlim}}}{Z_{\mathrm{H}}Z_{\mathrm{M}}}\right)^2\frac{u}{u+1}\times\frac{bmz_1}{K_{\mathrm{A}}K_{\mathrm{v}}} \tag{5.22}$$

如上所述，齿的强度必须根据齿的弯曲强度和齿面接触强度来计算，并且两者都必须满足。然而，当根据齿面接触强度计算时，一般作用在切线方向上的力F(N)较小，因此通常是安全的。

5.6 标准直齿轮的设计

直齿轮是各种齿轮的基础

❶ 直齿轮的尺寸是基于模数和轴径进行确定的。
❷ 直齿轮的构成有齿、齿圈、腹板、轮毂等。

（1）直齿轮的设计步骤

齿轮的形状根据尺寸的大小，外形尺寸较大的如图5.17（a）和（b）所示有轮辐式和腹板式结构；但当齿轮外径为200mm及以下时，如图5.17（c）和（d）所示有实心式和一体式的齿轮轴。

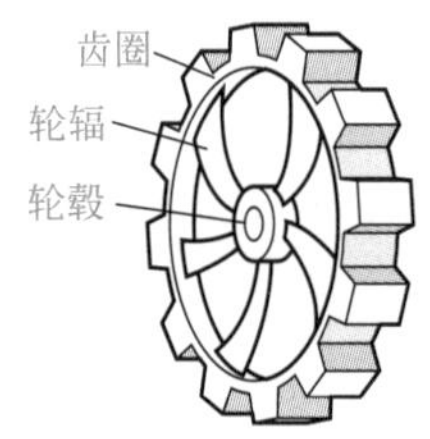

(a) 轮辐式结构

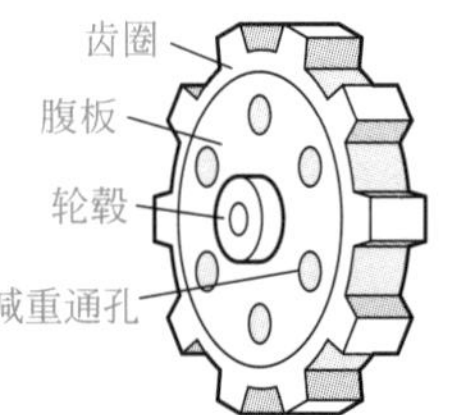

(b) 腹板式结构

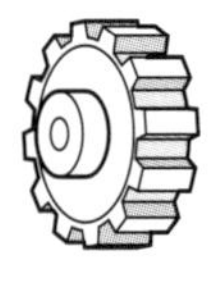

(c) 实心式（带轮毂）

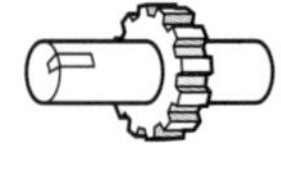

(d) 齿轮轴

图5.17　直齿轮的结构

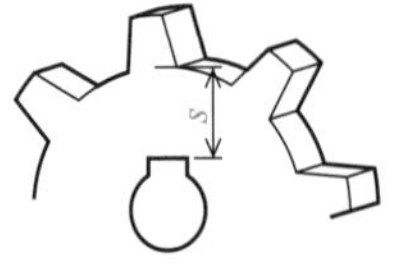

图5.18　小齿轮的键槽底部和齿根之间的厚度

另外，如图5.18所示，当直径较小的齿轮需要键槽时，键槽底部与齿根之间的厚度s通常是取齿高的3倍以上，或者至少满足如下的规定。

钢或者合成塑料：

$$s \geqslant 2.2m \tag{5.23}$$

铸铁：

$$s \geqslant 2.8m \tag{5.24}$$

式中，m为模数，mm。

在设计直齿轮时，传动功率、驱动轴的转速以及传动比通常在设计要求中给出。

虽然没有具体的设计步骤，但建议按以下步骤进行设计。

下面用已给出传动功率、驱动轴的转速及传动比时的设计步骤为例，进行说明。

① 确定主动轴和从动轴的直径。

② 假设模数和齿数。

③ 根据齿的弯曲强度和齿面强度求齿宽。

④ 探讨分析计算结果是否合适，如果不合适，返回②修改模数和齿数。

⑤ 确定齿轮各部分的尺寸。

实际上，在完成步骤④之后，可以由模数和齿数选择市场销售的产品，齿轮的各部分尺寸按照市场销售产品确定。

(2) 齿轮设计实例

让我们尝试设计一个具有以下设计要求的动力传动用的直齿轮。

★设计要求★

传递功率为2.2kW，能将转速为1500r/min的驱动轴转速降低到1/2，请按照弯曲强度设计标准直齿轮。这里，齿轮的材料为S35C（200 HBW），小齿轮的分度圆直径约为50mm。另外，轴的直径应由扭转强度确定，轴的扭转应力为20MPa。

1）轴的直径

小齿轮的轴直径为d_{01}，大齿轮的轴直径为d_{02}，驱动轴的许用剪切应力为$\tau_a = 20\ \text{MPa}$，当设d_{01}的转动速度为n_1时，由式（3.6），有：

$$d_{01} = 365\sqrt[3]{\frac{P}{\tau_a n_1}} = 365\sqrt[3]{\frac{2.2}{20 \times 1500}} = 15.3\ (\text{mm})$$

大齿轮的转动速度n_2由速度的传动比$i = 2$，有：

$$n_2 = \frac{n_1}{i} = \frac{1500}{2} = 750\ (\text{r/min})$$

因此，有：

$$d_{02} = 365\sqrt[3]{\frac{P}{\tau_a n_2}} = 365\sqrt[3]{\frac{2.2}{20 \times 750}} = 19.2\ (\text{mm})$$

由表3.1，在考虑键槽的基础上，确定的轴径如下。

$$d_{01} = 18\text{mm},\quad d_{02} = 22\text{mm}$$

2）模数和齿数的设定

首先假定模数为2.0mm。给定小齿轮的分度圆直径约为50mm，则有：

齿数比

$$z_1 = \frac{50}{2} = 25$$

由于速度的传动比$i = 2 = z_2/z_1$，则$z_2 = 50$。

3）**由齿的弯曲强度确定齿宽**

圆周速度：

$$v = \frac{\pi m z_1}{1000} \times \frac{n_1}{60} = \frac{\pi \times 2 \times 25}{1000} \times \frac{1500}{60} = 3.925 \text{ (m/s)}$$

作用在分度圆切线方向上的力：

$$F = \frac{1000P}{v} = \frac{1000 \times 2.2}{3.925} = 560.5 \text{ (N)}$$

齿形系数（表5.16）：　　$Y = 2.64$（在两个齿轮的Y值中，取相对较大的）
使用系数（表5.2）：　　$K_a = 2.64$
动态载荷系数（表5.3）：　$K_v = 1.4$（4级齿轮）
许用应力（表5.6）：　　$\sigma_{Flim} = 196$ MPa
压力角：　　$\alpha = 20^\circ$
通过变换式（5.19），有：

$$b \geqslant \frac{FYK_A K_v}{m\sigma_{Flim}} = \frac{560.5 \times 2.64 \times 1.0 \times 1.4}{2.0 \times 196} = 5.28 \text{ (mm)}$$

由表5.4查得$K = b/m = 6 \sim 10$。

因此，假设$K = 6$的话，就有$b = 12$ mm，能够充分满足$b \geqslant 5.28$这一计算结果。

小齿轮的齿宽b_1通常略大于大齿轮的齿宽b_2，但由于设定值为计算值的两倍，因此选取这一设定值足够。因此，设：

$$b_1 = b_2 = 12\text{mm}$$

4）**各部分的尺寸**

分度圆直径：

$$d_1 = mz_1 = 2 \times 25 = 50 \text{ (mm)}$$
$$d_2 = mz_2 = 2 \times 50 = 100 \text{ (mm)}$$

齿顶圆直径：

$$d_{a1} = m(z_1 + 2) = 2 \times (25 + 2) = 54\ (\text{mm})$$
$$d_{a2} = m(z_2 + 2) = 2 \times (50 + 2) = 104\ (\text{mm})$$

键的尺寸参照表3.3，由键与轴径的关系，结果如表5.7所示。

表 5.7 键的尺寸 mm

轴径	键（宽度 × 高度）	t_1	t_2
18	6×6	3.5	2.8
22	6×6	3.5	2.8

中心距离：

$$a = \frac{d_1 + d_2}{2} = \frac{50 + 100}{2} = 75\ (\text{mm})$$

另外，键槽底部和齿根之间的厚度参见小齿轮进行分析，由图5.18，有：

$$s = \frac{\text{小齿轮的齿根圆直径} - \text{轴径}}{2} - t_2 = \frac{45 - 18}{2} - 2.8 = 19.7\ (\text{mm})$$

由式（5.23）可知，因为$s \geqslant 2.2 \times 2 = 4.4$ mm，所以在强度上没有问题。

5.7 齿轮变速装置

使用齿轮系能改变速度

❶ 组合多个齿轮构成的齿轮系就变成变速装置。
❷ 齿轮系的速度传递比是将组成轮系的齿轮对的速度传动比进行连乘。

(1) 齿轮系

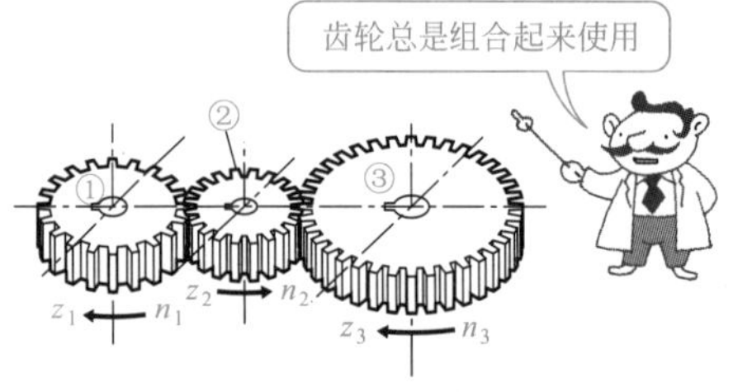

图5.19 在中间轴有一个齿轮的场合

图5.19是在主动轴与从动轴之间夹有中间轴的齿轮系的一个示例，其中一个齿轮被安装在中间轴上。假设齿轮①、②、③的齿数分别为z_1、z_2、z_3，转动角速度分别为ω_1、ω_2、ω_3，转动速度（转速）分别为n_1、n_2、n_3，则齿轮①和②的速度传动比i_{12}为：

$$i_{12}=\frac{\omega_1}{\omega_2}=\frac{n_1}{n_2}=\frac{z_2}{z_1} \tag{5.25}$$

另外，齿轮②和③的速度传动比i_{23}为：

$$i_{23}=\frac{\omega_2}{\omega_3}=\frac{n_2}{n_3}=\frac{z_3}{z_2} \tag{5.26}$$

因此，齿轮系的整个速度传动比i_{13}为：

$$i_{13}=\frac{\omega_1}{\omega_3}=\frac{n_1}{n_3}=\frac{i_1 n_2}{\frac{n_2}{i_2}}=i_1 i_2=\frac{z_3}{z_1} \tag{5.27}$$

式（5.27）的计算结果与只有齿轮①和③的结果相同，速度传动比与中间齿轮②无关。因此，中间齿轮②被称为空转齿轮。通过插入中间齿轮，能使从动齿轮的转动方向改变。

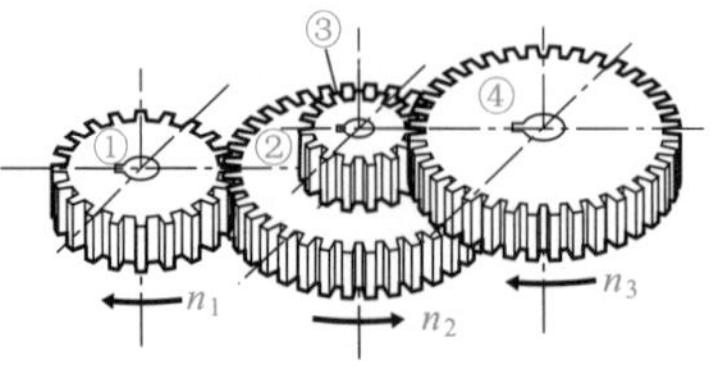

图5.20 中间轴有两个齿轮时

进而，在图5.20中，中间轴上安装有两个齿轮。齿轮①、②、③及④的齿数分别为z_1、z_2、z_3、z_4，齿轮①的转速为n_1，中间轴齿轮②和③的转速为n_2，从动轴齿轮的转速为n_3，齿轮①和②的转速比为i_{12}，齿轮③和④的速度传动比为i_{34}，则齿轮系的速度传动比i_{13}由公式（5.30）给出。

$$i_{12}=\frac{n_1}{n_2}=\frac{z_2}{z_1} \tag{5.28}$$

$$i_{34}=\frac{n_2}{n_3}=\frac{z_4}{z_3} \tag{5.29}$$

$$i_{13}=\frac{n_1}{n_3}=\frac{i_1 n_2}{\frac{n_2}{i_2}}=i_1 i_2=\frac{z_2 z_4}{z_1 z_3} \tag{5.30}$$

通过比较方程式（5.27）和式（5.30），在中间轴上配置大小不同的两个齿轮，整个齿轮系能够获得较大的速度传动比。

（2）齿轮变速装置

通过齿轮以恒定的速度传动比进行减速的装置称为**齿轮减速装置**，此时的速度传动比称为**减速比**。

图5.21是组合了多个齿轮的齿轮变速装置的示例。在轴上加工有花键或者滑动键槽，用控制杆等使主动侧的齿轮①、②及③在轴上移动，并分别能够同从动侧的齿轮①′、②′及③′进行啮合，可以获得三个速度传动比。

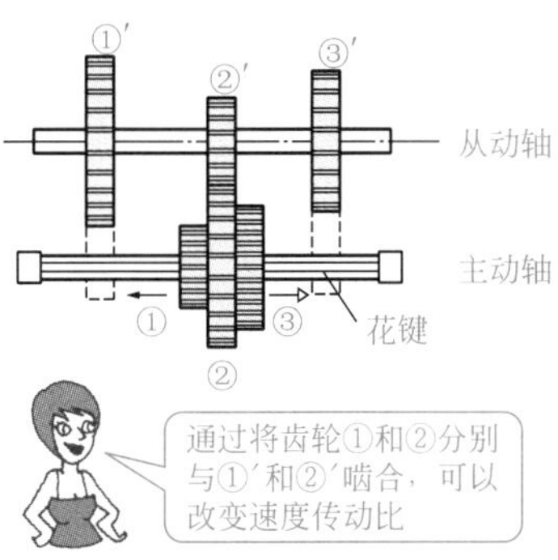

图5.21　齿轮变速装置的示例

习　题

习题1　求解出模数为4 mm、齿数为35的标准直齿轮的分度圆直径和齿距。

习题2　有模数为5mm、齿数分别为20和80的标准直齿轮A和B。当A齿轮的转动速度为1000 r/min时，请求解出以下的值。

①分度圆直径；

②中心距离；

③分度圆上的圆周速度；

④B齿轮的转动速度。

习题3　有如图5.19所示的由三个齿轮组成的齿轮系，各自的齿数分别为$z_1=50$、$z_2=20$、$z_3=100$。当齿轮①的转速为1000r/min时，那么齿轮③的转速是多少？

习题4　当传递功率为3.7 kW时，按照弯曲强度设计能够将转速为600r/min的主动轴转速降低到1/3的标准直齿轮。设齿轮的材料是S43C（200HBW），小齿轮的分度圆直径约为100mm。另外，轴的直径是按照轴的扭转强度来确定的，许用扭转应力τ_a为20MPa。

第6章

挠性传动件

在两轴间的距离较大的场合，通常使用带或者链条等机械零件进行旋转运动和动力传递。由于这些机械零件都是挠性的，被紧套安装在两轴的轮上，因此称为挠性传动件。它们广泛地应用在各种机器的动力传递、货物装卸、搬运等方面。

在本章中，我们将学习这些机械零件具有什么样的功能以及用何种方法来传递动力。

6.1 挠性传动件的概念

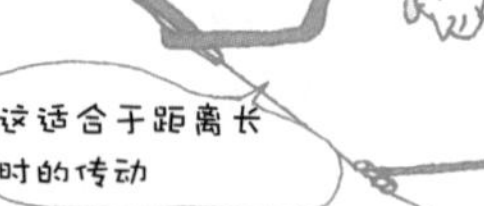

轴间距离较长时的动力传递装置

❶ 当轴间的距离很长时，使用挠性传动件进行动力传输。
❷ 在挠性传动中有带传动、链传动、绳索传动等。
❸ 链传动与带传动相比，具有无滑动、传递动力准确可靠的特点。

挠性传动件的类型主要有带传动、链传动、绳索传动。在这里，仅就带传动和链传动来进行分析。

（1） 带传动

带传动是一种将带紧套在带轮上进行传动的方法。根据使用带的截面形状不同，带传动的类型可以分为以下几种。

1）平带传动

带的横截面形状是平的，在轴间距离长且不需要精确传动比时使用。带的材料有皮革、棉、橡胶、钢等。

2）V带传动

V带具有梯形横截面，是最具代表性的带传动装置，这种带能与带轮的V形槽紧密接触，滑动小，使用相对小的张力就能够传递大的动力（图6.1）。V带是用橡胶制作的无接缝的环形带，其标准的有V带和窄幅V带等。

3）齿形带传动

齿形带也称为同步带，这种带是在平带的内表面上加工出等间隔的齿，紧套在具有渐开线齿形的带轮上，进行动力传递的（图6.2）。特点是完全没有滑动、能够适应于大的速比、可以进行高速传动等。

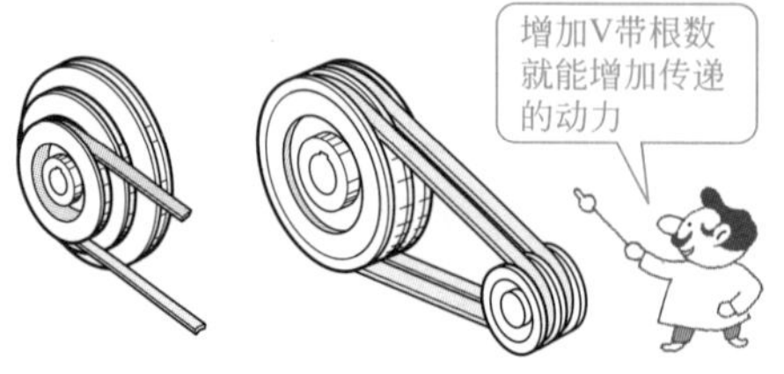

图6.1 V带传动

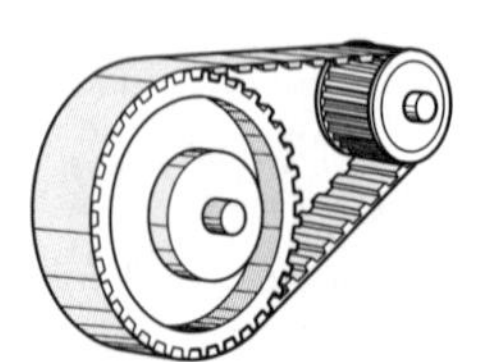

图6.2 齿形带传动

(2) 链传动

链传动如图6.3所示。由于链条紧套在链轮上进行动力的传递，因此这种传动与带传动相比，能够准确可靠地传递动力。

在链传动中，通常使用滚子链，但也有致力于降低传动噪声的无声链或称为齿形链的应用于传动。

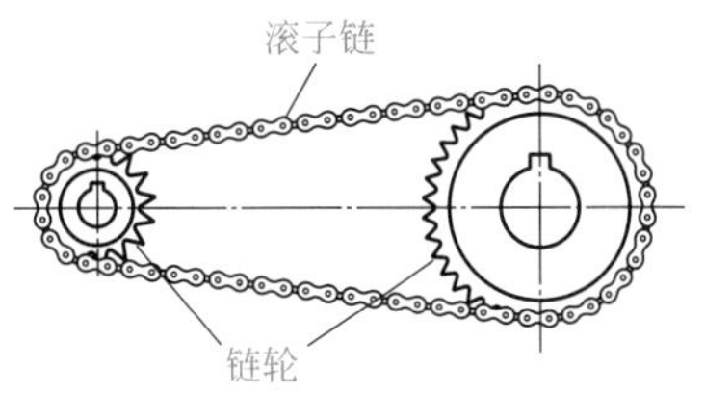

图6.3 滚子链传动

1）滚子链传动

如图6.3所示，滚子链套挂在链轮上用以传递动力，没有滑动，能够传递大的功率，并且能够保持恒定的速度传动比。

2）齿形链传动

齿形链具有一种能够减少噪声的特殊结构。当滚子链被拉长时，链就不能准确地与链轮进行啮合，从而产生噪声和振动。齿形链如图6.4所示，链板两端的斜面与链轮的齿紧密接触而进行传动。因此，即使链条的节距伸长，链板与齿面的紧密接触也不会改变，所以产生的噪声比较低。为了防止链条在工作时发生侧向窜动，采用了图6.4中所示的导板。

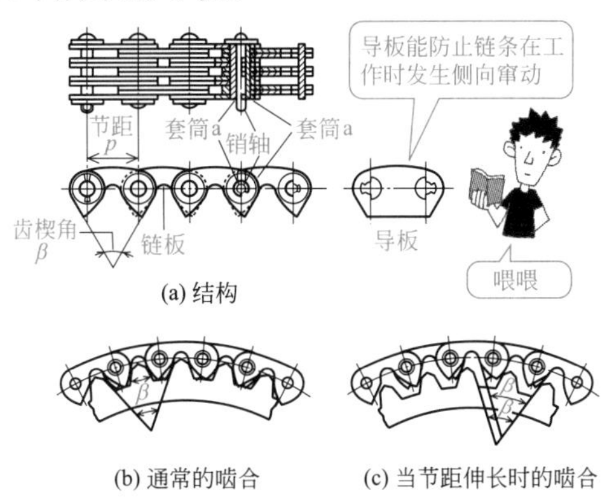

图6.4 齿形链

6.2 平带的传动

应用于轴间距离较长的传动机械

❶ 平带传动是通过带和带轮的摩擦力来传递动力的。
❷ 平带传动装置容易打滑，但价格便宜。

（1） 平带传动的类型

因为平带传动会发生打滑，所以不可能获得如齿轮传动那样精确的传动比。但由于价格便宜，因此广泛应用于通用机械的动力传递。

平带的类型如①～③所示。

① 皮带：富有弹性，摩擦因数大，可以长时间地连续运转。但易受温度和湿度的影响，有价格昂贵的缺点。

② 橡胶带：伸长率小，抗潮湿，但耐热和油等能力弱，尤其是其散热性能差、长时间的连续运转有容易磨损的缺点。

③ 钢带：由轧制的钢板制成，接头用钎焊方法进行连接。抗拉强度大，伸长率小，寿命长。它可以应用于精确的角度传递。

（2） 平带轮（带轮）

平带轮的材料通常使用铸铁，高速时采用轻合金。铸铁制的带轮许用圆周速度为20m/s，轻合金制的带轮许用圆周速度为30m/s。平带轮的形状和尺寸在JIS标准中有具体的规定。

（3） 速度传动比

如图6.5所示，在平带传动由主动轴向从动轴传动的场合，各带轮上所进行动力传递的传动比取决于带轮的直径比。假设各带轮的直径分别为d_1、d_2，且转速分别为n_1、n_2，则速度的传动比i可以通过下式获得。但是，这一传动比并没有考虑到打滑的影响。

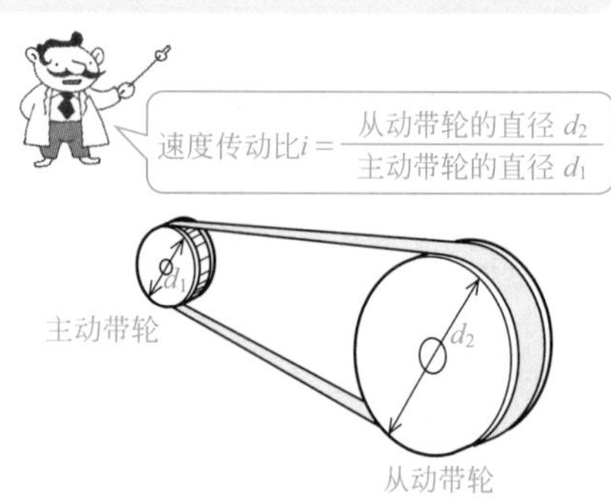

图6.5 速度传动比

$$i = \frac{n_1}{n_2} = \frac{d_2}{d_1} \tag{6.1}$$

(4) 平带的挂装方法

平带在带轮上的挂装方法有开口式传动带（open belt）和交叉式传动带（cross belt）两种。将平带紧套在带轮上的方法如图6.6所示。在开口式传动中，为了利用摩擦力，主动轴的带轮通过摩擦带动从动带轮同向转动。这就是说，拉动平带的张紧侧位于带轮的下侧，带轮送出平带的松弛侧位于带轮的上侧。

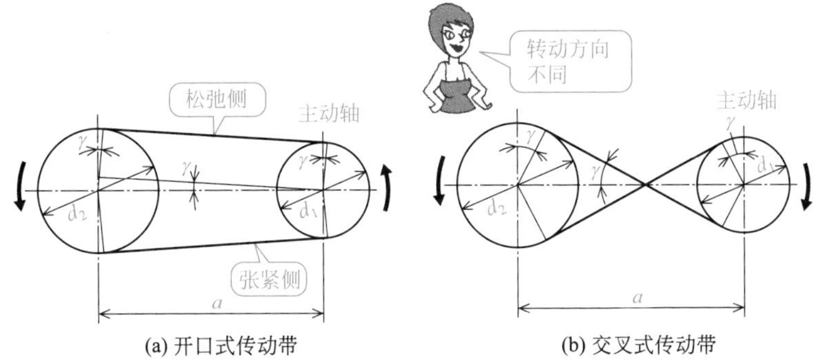

图6.6　平带的安装方法

(5) 平带的长度

当带轮轴线之间的距离为a时，带的长度L通过下式可以近似地求出。在这里，假设带轮的中心线与带的倾斜角度为γ。

1）开口式传动带

$$L = \frac{1}{2}\pi(d_2 + d_1) + \gamma(d_2 - d_1) + 2a\cos\gamma \tag{6.2}$$

当倾斜角度γ较小时

$$L = 2a + \frac{1}{2}\pi(d_2 + d_1) + \frac{(d_2 - d_1)^2}{4a} \tag{6.3}$$

2）交叉式传动带

$$L = \frac{1}{2}\pi(d_2 + d_1) + \gamma(d_2 + d_1) + 2a\cos\gamma \tag{6.4}$$

当倾斜角度γ较小时

$$L = 2a + \frac{1}{2}\pi(d_2 + d_1) + \frac{(d_2 + d_1)^2}{4a} \tag{6.5}$$

6.1 有直径为d_2=810mm和d_1=230mm的两个带轮，当轴间的距离为1800mm时，请求解出开放式传动和交叉式传动的带长度。

解：

已知条件

$$a = 1800\text{mm}，d_2 = 810\text{mm}，d_1 = 230\text{mm}$$

在开放式传动的场合，带的长度由式（6.3）求解。

$$\begin{aligned}L &= 2a + \frac{1}{2}\pi\left(d_2 + d_1\right) + \frac{\left(d_2 - d_1\right)^2}{4a} \\ &= 2\times1800 + \frac{1}{2}\pi(810+230) + \frac{(810-230)^2}{4\times1800} \\ &= 3600 + 1632.8 + 46.7 = 5279.5\ (\text{mm})\end{aligned}$$

因此，开放式传动带的长度是5279.5mm。

在交叉式传动的场合，带的长度由式（6.5）求解。

$$\begin{aligned}L &= 2a + \frac{1}{2}\pi\left(d_2 + d_1\right) + \frac{\left(d_2 + d_1\right)^2}{4a} \\ &= 2\times1800 + \frac{1}{2}\pi(810+230) + \frac{(810+230)^2}{4\times1800} \\ &= 3600 + 1632.8 + 150.2 = 5383\ (\text{mm})\end{aligned}$$

因此，交叉式传动带的长度是5383mm。

（6）平带的张力

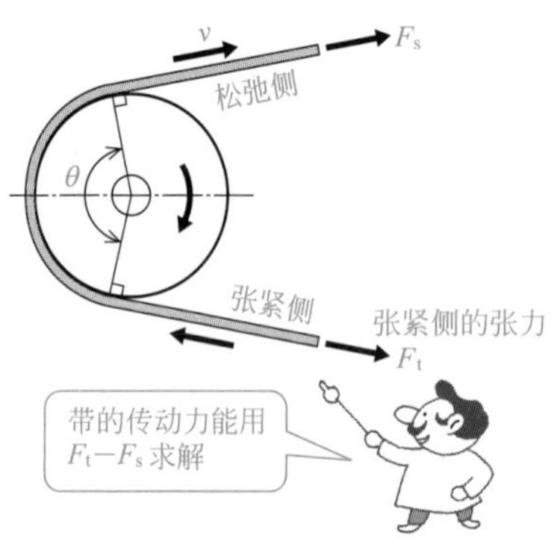

图6.7 平带的套挂方法

由于平带传动是通过摩擦力来进行运动传递的，因此平带必须具有适当的张力。这种张力被称为初始张力，通常用F_0表示，初始张力F_0对应着要传递的负载大小。假设平带张紧侧的张力为F_t，平带松弛侧的张力为F_s，则初始张力F_0可用下式近似地计算（图6.7）。在图中的角度θ称为带轮上的包角。

$$F_0 = \frac{F_t + F_s}{2} \tag{6.6}$$

平带进行动力传递所需的转动力是张紧侧的张力和松弛侧的张力之间的差，这被称为有效拉力F_e。有效拉力F_e由下式表示。

$$F_e = F_t - F_s \tag{6.7}$$

现在，平带单位长度的质量为w (kg/m)，平带的速度为v (m/s)，平带和带轮之间的摩擦因数为μ，主动带轮的包角角度为θ(rad)，且自然对数的基数为e，则下面的等式成立。

$$\begin{aligned} F_e = F_t - F_s &= \left(F_t - \frac{w}{g}v^2\right)\frac{e^{\mu\theta}-1}{e^{\mu\theta}} \\ &= \left(F_s - \frac{w}{g}v^2\right)\left(e^{\mu\theta}-1\right) \end{aligned} \tag{6.8}$$

在式（6.8）中，由于$\frac{w}{g}v^2$表示的是离心力的影响，因此当带速较小时，这一项可以忽略。为此，设$\frac{w}{g}v^2=0$，就有如下关系成立。

$$F_e = F_t\frac{e^{\mu\theta}-1}{e^{\mu\theta}} = F_s\left(e^{\mu\theta}-1\right) \tag{6.9}$$

由此，有：

$$F_t = \frac{e^{\mu\theta}}{e^{\mu\theta}-1}F_e,\quad F_s = \frac{1}{e^{\mu\theta}-1}F_e \tag{6.10}$$

传递的功率P (W) 可以用下式表示。

$$P = F_e v = F_t v\frac{e^{\mu\theta}-1}{e^{\mu\theta}} \tag{6.11}$$

从式（6.11）可知，传动功率随着带速的增加而增加，在某一速度时变为最大，但随着速度的进一步增加，由于离心力的影响而减小。这一极限速度v_0 (m/s) 能够通过下式求解得出。

$$v_0 = \sqrt{\frac{F_t g}{3w}} \tag{6.12}$$

当平带的速度v小于极限速度v_0时，忽略离心力的影响，可以直接应用式（6.11）。当平带的速度较高时，由式（6.8）或者式（6.12）可知，最好选用密度小或者拉伸强度大的平带。

表6.1给出了平带和带轮之间的摩擦因数值，表6.2给出了由包角θ和摩擦因数μ确定的$(e^{-\mu\theta}-1)/e^{-\mu\theta}$值。

表 6.1　摩擦因数值

材质	摩擦因数μ
皮带（铬揉法）和铸铁带轮	0.2～0.3
皮带（植物鞣法）和木制带轮	0.4
橡胶带和铸铁带轮	0.2～0.25

表 6.2　$\dfrac{e^{\mu\theta}-1}{e^{\mu\theta}}$的值

θ度	μ=0.1	μ=0.2	μ=0.3	μ=0.4	μ=0.5
90	0.145	0.270	0.376	0.467	0.544
100	0.160	0.295	0.408	0.502	0.582
110	0.175	0.319	0.438	0.536	0.617
120	0.189	0.342	0.467	0.567	0.649
130	0.203	0.365	0.494	0.596	0.678
140	0.217	0.386	0.520	0.624	0.705
150	0.230	0.408	0.544	0.649	0.730
160	0.244	0.428	0.567	0.673	0.752
170	0.257	0.448	0.589	0.695	0.773
180	0.270	0.467	0.610	0.715	0.792

6.2 在传递3.7kW的平带装置中，当主动带轮的转速为300r/min、直径为320mm、包角为160°、平带与带轮之间的摩擦因数为0.2时，求解出其初始张力。

解：

已知条件

$$P = 3.7\text{kW} \qquad D = 320\text{mm}$$
$$n_1 = 300\text{r/min} \qquad \theta = 160^\circ \qquad \mu = 0.2$$

平带的速度

$$v = \frac{\pi D n_1}{1000 \times 60} = \frac{\pi \times 320 \times 300}{1000 \times 60} = 5.03\ (\text{m/s})$$

有效拉力：

$$F_e = \frac{P}{v} = \frac{3700}{5.03} = 736\ (\text{N})$$

张紧侧的张力：

由表6.2有

$$\frac{e^{\mu\theta}}{e^{\mu\theta}-1} = \frac{1}{0.428}$$

$$F_t = F_e \frac{e^{\mu\theta}}{e^{\mu\theta}-1} = 736 \times \frac{1}{0.428}$$
$$= 1719.6\ (\text{N}) \approx 1720\text{N}$$

松弛侧的张力：

由$F_e = F_t - F_s$

$$F_s = F_t - F_e = 1720 - 736 = 984 \text{ (N)}$$

初始张力：

$$F_0 = \frac{F_t + F_s}{2} = \frac{1720 + 984}{2} = 1352 \text{ (N)}$$

6.3 安装有直径为300mm小带轮的传动轴以1480r/min的转动速度传递15kW的功率。当传动比为3、包角为170°、摩擦因数为0.3时，计算以下值。

①带的速度；②大带轮的直径；③$\left(e^{-\mu\theta} - 1\right) / e^{-\mu\theta}$的值；④张紧侧的张力。

解：

已知条件

$$d_1 = 300\text{mm}，n_1 = 1480\text{r/min}，i = 3$$
$$\mu = 0.3，P = 15\text{kW} = 15000\text{W}$$

①带的速度。

$$v = \frac{\pi d_1 n_1}{1000 \times 60} = \frac{\pi \times 300 \times 1480}{1000 \times 60} = 23.2 \text{ (m/s)}$$

②大带轮的直径。

由式（6.1）有：

$$i = \frac{n_1}{n_2} = \frac{d_2}{d_1} \quad 3 = \frac{d_2}{300}$$

所以

$$d_2 = 300 \times 3 = 900 \text{ (mm)}$$

③$\left(e^{-\mu\theta} - 1\right) / e^{-\mu\theta}$的值。

由表6.2，当$\mu = 0.3$和$\theta = 170°$时，有：

$$\frac{e^{\mu\theta} - 1}{e^{\mu\theta}} = 0.589$$

④张紧侧的张力。

由式（6.11）有：

$$P = F_e v = F_t v \frac{e^{\mu\theta} - 1}{e^{\mu\theta}}$$

$$F_t = \frac{P}{v} \times \frac{e^{\mu\theta}}{e^{\mu\theta} - 1} = \frac{15000}{23.2 \times 0.589}$$
$$= 1098 \text{ (N)} \approx 1.10\text{kN}$$

6.3 V带的传动

通过在V形槽中发生的摩擦减少滑动

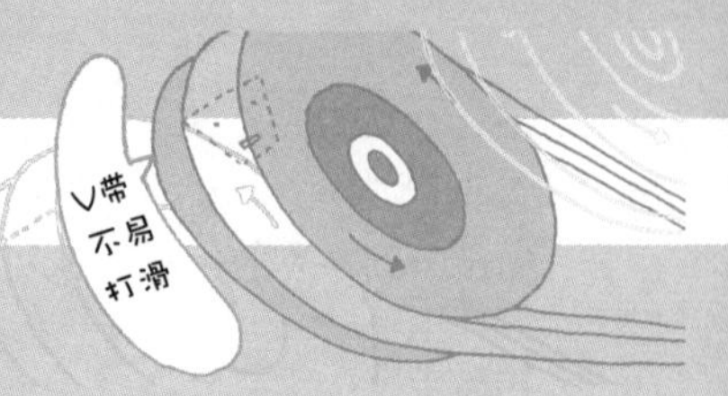

❶ V带传动较之平带传动的张力较小，能够传递大的功率。
❷ V带是没有接缝的环形带，转动平稳。
❸ 通过增加V带的数量，能够增加传递的功率。

(1) V带的传动和特征

V带传动被广泛应用于机床、内燃机以及其他机器的动力传递，这种带的断面是V形的，紧套在具有V形槽的带轮上使用。由于凹槽存在摩擦效应且滑动小，因此能够用较小的张力传递大的功率。另外，通过增加V带的数量，能增大传递的功率。

(2) V带

V带是一个无缝的环形带，具有的结构如图6.8所示，有在橡胶和芯绳构成的梯形截面覆盖涂有橡胶的帆布或者在橡胶和芯绳构成的梯形截面的上表面与下表面覆盖涂有橡胶的帆布。

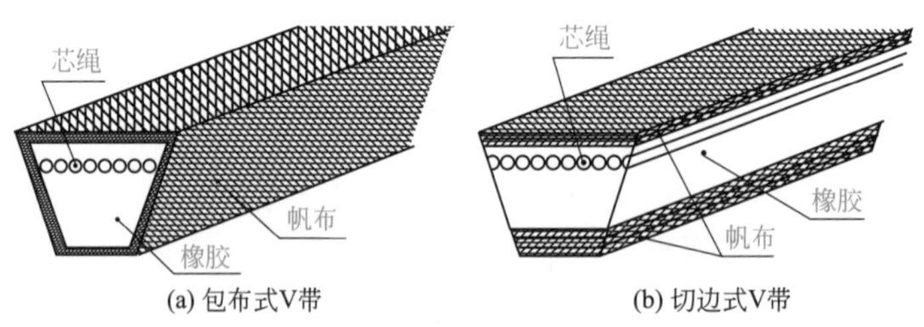

图6.8　V带的结构示例

在JIS标准中，规定了通常使用的普通V带和比一般类型窄的窄V带。表6.3给出了普通V带的截面形状和标准尺寸。

(3) 带轮

套挂V带的带轮通常是铸铁制的，高速用的带轮使用铸钢制造。表6.4给出了带轮的凹槽形状和尺寸。

表 6.3 普通 V 带的截面形状和拉伸强度（JIS K 6323—2009）

类型	a/mm	b/mm	α/(°)	截面积（约）/mm^2	拉伸强度 /kN
M 形	10.0	5.5	40	44	1.2 以上
A 形	12.5	9.0	40	83	2.4 以上
B 形	16.5	11.0	40	137	3.5 以上
C 形	22.0	14.0	40	237	5.9 以上
D 形	31.5	19.0	40	467	10.8 以上

表 6.4 带轮的槽截面形状和尺寸（JIS B 1854—1987）

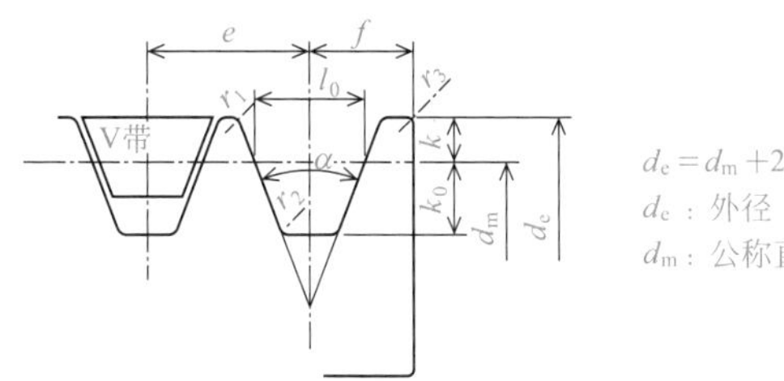

mm

类型	公称直径 d_m②	α/(°)	l_0	k	k_0	e	f	r_1	r_2	r_3
M	$50 < d_m \leqslant 71$	34	8.0	2.7	6.3	—①	9.5	0.2～0.5	0.5～1.0	1～2
	$71 < d_m \leqslant 90$	36								
	$d_m > 90$	38								
A	$71 < d_m \leqslant 100$	34	9.2	4.5	8.0	15.0	10.0	0.2～0.5	0.5～1.0	1～2
	$100 < d_m \leqslant 125$	36								
	$d_m > 125$	38								
B	$125 < d_m \leqslant 160$	34	12.5	5.5	9.5	19.0	12.5	0.2～0.5	0.5～1.0	1～2
	$160 < d_m \leqslant 200$	36								
	$d_m > 200$	38								
C	$200 < d_m \leqslant 250$	34	16.9	7.0	12.0	25.5	17.0	0.2～0.5	1.0～1.6	2~3
	$250 < d_m \leqslant 315$	36								
	$d_m > 315$	38								
D	$315 < d_m \leqslant 450$	36	24.6	9.5	15.5	37.0	24.0	0.2～0.5	1.6～2.0	3~4
	$d_m > 450$	38								

① M型原则上是使用1根。

② 表中图上公称直径d_m也用于带长度的测量以及速度传动比等的计算，且是凹槽的标准宽度l_0处的直径。

在带轮上，加工有与V带相匹配的凹槽，凹槽的角度因带轮直径的大小而异。尽管V带的角度都是40°，但由于绕在带轮的V带发生弯曲时下部凸出，因此带轮槽的角度会根据带轮直径的公称直径来进行调节。

（4） V带传动的设计

1）V带的速度传动比

速度传动比的计算与平带的场合相同，用式（6.1）进行计算。V带的速度传动比主要设定为7，最大的场合不超过10。

2）V带的张力

在V带传动装置中的张力虽然与平带的情况相同，但由于V带是楔入带轮的槽中来进行传递的，因此需要考虑用表观的摩擦因数μ'代替摩擦因数μ。

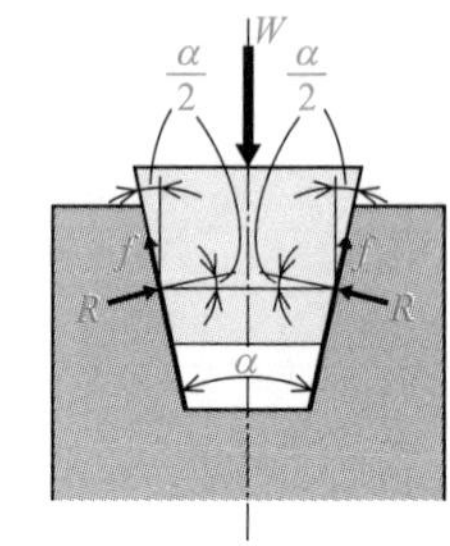

图6.9　带轮的凹槽

如图6.9所示，当下压V带的力为W、带轮凹槽的侧向压力为R、V带和带轮之间的摩擦力为f、摩擦因数为μ、带轮凹槽的角度为α时，就能够得到如下的关系式。

$$W = 2\left(R\sin\frac{\alpha}{2} + \mu R\cos\frac{\alpha}{2}\right)$$

$$R = \frac{W}{2\left(\sin\frac{\alpha}{2} + \mu\cos\frac{\alpha}{2}\right)}$$

摩擦力f能用下式求出。

$$f = 2\mu R = \frac{\mu W}{\sin\frac{\alpha}{2} + \mu\cos\frac{\alpha}{2}} \tag{6.13}$$

在这里，设定有如下的关系。

$$\mu' = \frac{\mu}{\sin\frac{\alpha}{2} + \mu\cos\frac{\alpha}{2}} \tag{6.14}$$

为此，V带传动场合的摩擦力表示为$f = \mu' R$。在V带传动的场合，考虑将μ'视为当量摩擦因数用以代替平带传动场合的摩擦因数μ。

因此，通过在式（6.8）中代入μ'用以代替μ，就能获得有效张力F_e。

$$
\begin{aligned}
F_e = F_t - F_s &= \left(F_t - \frac{w}{g}v^2\right)\frac{e^{\mu'\theta}-1}{e^{\mu'\theta}} \\
&= \left(F_s - \frac{w}{g}v^2\right)\left(e^{\mu'\theta}-1\right)
\end{aligned} \tag{6.15}
$$

3）V带的传递功率

V带传动中的传递功率可以用与平带的场合相同的方法求得。在带速增加的情况下，要考虑离心力。当带速为v (m/s) 和带的有效张力为F_e (N) 时，则可以通过下式来求解得到传递的功率P (kW)。

$$
P = \frac{F_e v}{1000} \tag{6.16}
$$

表6.5表示单根V带所能传递的功率。

表6.5 单根V带的传递功率 kW

V带的类型	V带的速度/(m/s)			
	5	10	15	20
M	0.35	0.7	1	1.2
A	0.7	1.3	1.8	2
B	1	2	3	3.5
C	2	3.5	5	6
D	3.5	7	10	12

4）V带的选择

使用的V带类型由图6.10中所示的设计功率P_d (kW) 和小带轮的转速n (r/min) 决定。

这里，即使选择V带的设计功率P_d与传递功率P相同，但由于带的使用条件不同，也取不同的值。例如，在使用额定的电动机正常运行的情况下，P_d为（1.1～1.2）P。

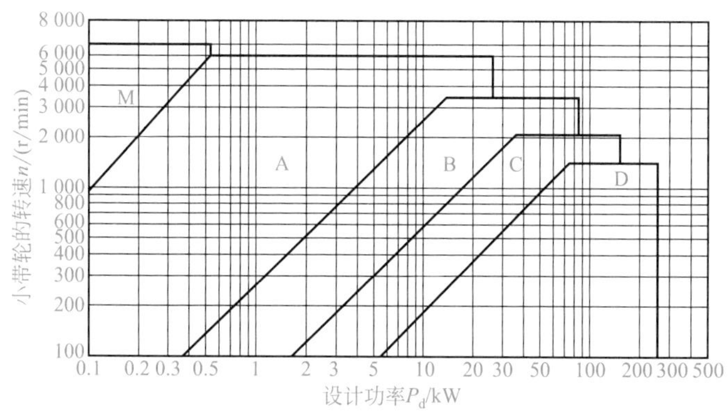

图6.10 V带类型的选择图

5）带轮的选择

基于速度传动比来确定小带轮和大带轮的尺寸比例。在带轮中，如果使用的带轮直径小，由于发生打滑就会导致传递效率和V带的使用寿命降低，为此最好使用表6.6中所示的最小带轮公称直径以上的带轮。带轮的槽数和带轮的选配参照表6.7和表6.8来确定。

表6.6　带轮的最小公称直径（JIS B 1854—1987）　mm

带的类型	A	B	C	D	E
带轮的最小公称直径	75	125	200	355	500

表6.7　带轮的类型（JIS B 1854—1987）

V带的类型	槽数					
	1	2	3	4	5	6
A	A1	A2	A3	—	—	—
B	B1	B2	B3	B4	B5	—
C	—	—	C3	C4	C5	C6

表6.8　带轮的公称直径（JIS B 1854—1987）　mm

V带的类型	槽数					
	1	2	3	4	5	6
A	75～560	75～630	75～710	—	—	—
B	125～710	125～710	125～900	125～900	125～900	—
C	—	—	200～900	200～900	200～900	200～900

注：公称直径为75mm、80mm、85mm、90mm、95mm、100mm、106mm、112mm、118mm、125mm、132mm、140mm、150mm、160mm、180mm、200mm、224mm、250mm、280mm、300mm、315mm、355mm、400mm、450mm、500mm、560mm、630mm、710mm、800mm、900mm。

6）V带的长度确定

V带的长度L (mm) 可以利用求解平带长度的公式（6.3）计算获得，并由表6.9选择更接近这一计算长度的数值。

7）轴间距离

当小带轮和大带轮的公称直径分别为d_1 (mm) 和d_2 (mm) 时，选定的V带长度L(mm)所对应的轴间距a (mm) 由下式给出。

表 6.9　V 带的长度（摘自 JIS K 6323—2008）　mm

公称序号	长度	允许差	公称序号	长度	允许差	公称序号	长度	允许差	公称序号	长度	允许差
20	508	+8 −16	55	1397	+12 −24	90	2286	+13 −26	170	4318	+22 −45
21	533		56	1422		91	2311		180	4572	
22	559		57	1448		92	2337		190	4826	
23	584		58	1473		93	2362		200	5080	+25 −50
24	610	+9 −18	59	1499		94	2388		210	5334	
25	635		60	1524		95	2413	+14 −28	220	5588	
26	660		61	1549		96	2438		230	5842	
27	686		62	1575		97	2464		240	6096	+27 −55
28	711		63	1600		98	2489		250	6350	
29	737		64	1626		99	2515		260	6604	
30	762	+10 −20	65	1651		100	2540		270	6858	+30 −60
31	787		66	1676		102	2591		280	7112	
32	813		67	1702		105	2667		300	7620	+35 −70
33	838		68	1727		108	2743		310	7874	
34	864		69	1753		110	2794	+15	330	8382	
35	889		70	1778		112	2845				
36	914	+11 −22	71	1803		115	2921	−30			
37	940		72	1829		118	2997				
38	965		73	1854		120	3048	+16 −32			
39	991		74	1880	+13 −26	122	3099				
40	1016		75	1905		125	3175				
41	1041		76	1930		128	3251	+17 −34			
42	1067		77	1956		130	3302				
43	1092		78	1981		132	3353				
44	1118		79	2007		135	3429				
45	1143		80	2032		138	3505				
46	1168		81	2057		140	3556	+18			
47	1194		82	2083		142	3607				
48	1219	+12 −24	83	2108		145	3683	−36			
49	1245		84	2134		148	3759				
50	1270		85	2159		150	3810	+19			
51	1295		86	2184		155	3937	−38			
52	1321		87	2210		160	4064	+20			
53	1346		88	2235		165	4191	−40			
54	1372		89	2261							

注：公称序号的范围取决于V带的类型。M的公称序号为20～50；A的公称序号为20～180，但不包含132、138、142、148、165；B的公称序号为30～210，但不包含142、148；C的公称序号为45～250，尾数是0、2、5、8以及54；D的公称序号为100～330，尾数是0、5。

$$a=\frac{B+\sqrt{B^2-2\left(d_2-d_1\right)^2}}{4} \tag{6.17}$$

在这里，有：

$$B=L-\frac{\pi}{2}(d_2+d_1) \tag{6.18}$$

8）**V带的根数**

基于单根V带的传递功率P (kW)、带长修正系数K_L（表6.10）以及包角修正系数K_θ（表6.11），由下式求解得出单根V带的修正传递功率P_c (kW)。

$$P_c=PK_LK_\theta \tag{6.19}$$

套在带轮上的V带的根数Z由设计功率P_d (kW) 和单根V带的修正传递功率P_c (kW) 通过下式求解得出。舍去小数点以下的数。

$$Z=\frac{P_d}{P_c} \tag{6.20}$$

表6.10　带长修正系数K_L（摘自日本标准 JIS K 6323—2008）

公称序号	类型				
	M	A	B	C	D
20～25	0.92	0.80	0.78	—	—
26～30	0.94	0.81	0.79	—	—
31～34	0.99	0.84	0.80	—	—
35～37	0.98	0.87	0.81	—	—
38～41	1.00	0.88	0.83	—	—
42～45	1.02	0.90	0.85	0.78	—
46～50	1.04	0.92	0.87	0.79	—
51～54	—	0.94	0.89	0.80	—
55～59	—	0.96	0.90	0.81	—
60～67	—	0.98	0.92	0.82	—
68～74	—	1.00	0.95	0.85	—
75～79	—	1.02	0.97	0.87	—
80～84	—	1.04	0.98	0.89	—
85～89	—	1.05	0.99	0.90	—
90～95	—	1.06	1.00	0.91	—
96～104	—	1.08	1.02	0.92	0.83
105～111	—	1.10	1.04	0.94	0.84
112～119	—	1.11	1.05	0.95	0.85
120～127	—	1.13	1.07	0.97	0.86

续表

公称序号	类型				
	M	A	B	C	D
128～144	—	1.14	1.08	0.98	0.87
145～154	—	1.15	1.11	1.00	0.90
155～169	—	1.16	1.13	1.02	0.92
170～179	—	1.17	1.15	1.04	0.93
180～194	—	1.18	1.16	1.05	0.94
195～209	—	—	1.18	1.07	0.96
210～239	—	—	1.19	1.08	0.98
240～269	—	—	—	1.11	1.00
270～299	—	—	—	1.14	1.03
300～329	—	—	—	—	1.05
330～359	—	—	—	—	1.07

注：标准长度的V带对应表中的系数1.00。

表 6.11　包角修正系数K_θ（摘自日本标准 JIS K 6323—2008）

$\dfrac{d_2-d_1}{a}$	小带轮上的包角 θ/(°)	包角修正系数K_θ
0.00	180	1.00
0.10	174	0.99
0.20	169	0.98
0.30	163	0.96
0.40	157	0.94
0.50	151	0.93
0.60	145	0.91
0.70	139	0.89
0.80	133	0.87
0.90	127	0.85
1.00	120	0.82
1.10	113	0.79
1.20	106	0.77
1.30	99	0.74
1.40	91	0.70
1.50	83	0.66

注：包角修正系数由下式计算。

$$K_\theta = 1.25\left(\frac{1}{1.009^{\theta}}\right)$$

6.4 功率为1.5kW、额定转速为1500r/min的电动机将带动某一机器的主轴以300r/min速度运转。当轴间的距离为500mm时，请选择V带的长度。

解：

已知条件

$$P = 1.5\text{kW}，n_1 = 1500\text{r/min}，n_2 = 300\text{r/min}，a = 500\text{mm}$$

由于设计功率P_d为

$$P_d = (1.1 \sim 1.2)P = (1.1 \sim 1.2) \times 1.5 = 1.65 \sim 1.8 \text{ (kW)}$$

电动机的转速

$$n_1 = 1500\text{r/min}$$

为此，由图6.10，选择A型V带。

由表6.5知，A型V带在功率1.5kW时，带的速度是$v = 10 \sim 15$ m/s。现在，设定速度为10 m/s，确定电动机输出轴的带轮公称直径。

由式$v = \dfrac{\pi d_1 n_1}{1000 \times 60}$，求$d_1$，有：

$$d_1 = \frac{1000 \times 60v}{\pi n_1}$$

因为有$n_1 = 1500\text{r/min}$，所以

$$d_1 = \frac{1000 \times 60 \times 10}{\pi \times 1500} = 127.4 \text{ (mm)}$$

由表6.8，选择公称直径为125mm的带轮。

另外，从动轴的带轮公称直径为

$$d_2 = d_1 \frac{n_1}{n_2} = 125 \times \frac{1500}{300} = 625 \text{ (mm)}$$

从表6.8中，选择公称直径为630mm的带轮。

求V带的长度：a=500mm时，由式（6.3）求带长。

$$\begin{aligned} L &= 2a + \frac{1}{2}\pi\left(d_2 + d_1\right) + \frac{\left(d_2 - d_1\right)^2}{4a} \\ &= 2 \times 500 + \frac{1}{2}\pi(630 + 125) + \frac{(630 - 125)^2}{4 \times 500} \\ &= 1000 + 1185.4 + 127.5 = 2312.9 \text{ (mm)} \end{aligned}$$

从表6.9中，选择V带长度的公称序号为91（2311mm）。

6.4 齿形带的传动

通过齿的啮合来传递动力

❶ 齿形带的传动较之平带和V带的传动能够更准确地传递旋转运动。
❷ 适用于高速和大功率的传递。

(1) 齿形带的传动和特征

齿形带有如在平带的内侧做成等间隔的梯形齿而形成的带，由于齿形带与带轮的轮齿相互啮合，因此这种传动没有滑动、传动效率高、传动比较准确，应用于振动少的传动。齿形带能在高速传动时使用，且初始张紧力能够小些，广泛应用于办公自动化设备、医疗器械、家用电器等的动力传递（图6.11）。

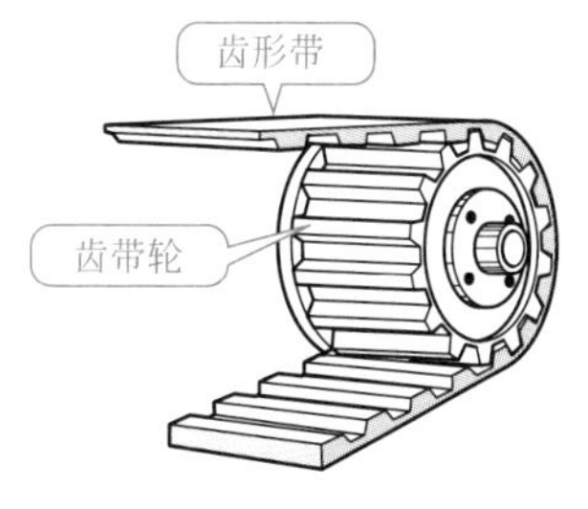

图6.11 齿形带传动

(2) 齿形带

在JIS标准中规定了通用和轻载的齿形带形状和尺寸。这里，以通用的齿形带为例，将5种（XL、L、H、XH、XXH）类型的齿形带齿形形状、尺寸、公称宽度及公称长度列于表6.12。

(3) 齿带轮（齿形带带轮）

齿带轮的齿形有渐开线齿形和直齿形。在表6.13示出了齿带轮的分度圆直径和齿顶圆直径。

(4) 齿形带传动的设计

在齿形带传动的设计中，作为设计的条件能够给出的是传递功率、小齿带轮的转速、传动比及轴间距离等。

齿形带传动的具体设计步骤与V带相同。

表 6.12　通用的齿形带的形状和尺寸（摘自 JIS K 6372—1995）

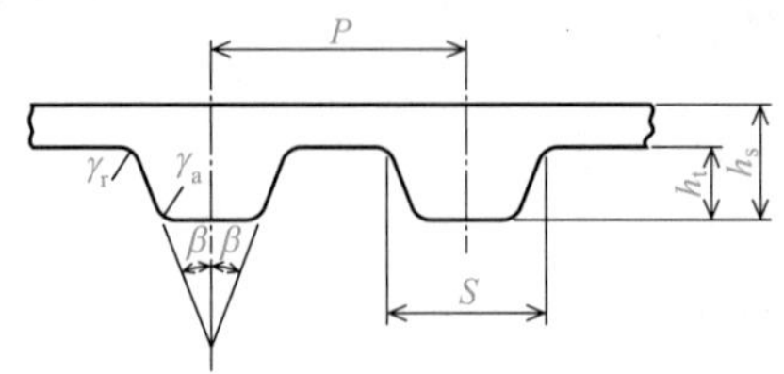

类别	类型				
	XL	L	H	XH	XXH
长度（公称长度）	60～260	124～600	240～1 700	507～1 750	700～1 800
幅宽（公称宽度）	025～037	050～100	075～300	200～400	200～500
齿数	30～130	33～160	48～340	58～200	56～144
每 25.4mm 宽度的拉伸强度/kN	2.0 以上	2.7 以上	6.8 以上	9.4 以上	10.8 以上
P/mm	5.080	9.525	12.700	22.225	31.750
2β/(°)	50	40	40	40	40
S/mm	2.57	4.65	6.12	12.57	19.05
h_t/mm	1.27	1.91	2.29	6.35	9.53
h_s/mm	2.3	3.6	4.3	11.2	15.7
γ_r/mm	0.38	0.51	1.02	1.57	2.29
γ_a/mm	0.38	0.51	1.02	1.19	1.52

表 6.13　齿带轮的尺寸（直径）（摘自标准 JIS B 1856—1993）　mm

齿数	类型									
	XL		L		H		XH		XXH	
	d_p	d_0	d_p	d_0	d_p	d_0	d_p	d_0	d_p	d_0
20	32.34	31.83	60.64	59.88	80.85	79.48				
（21）	33.96	33.45	63.67	62.91	84.89	83.52				
22	35.57	35.07	66.70	65.94	88.94	87.56	155.64	152.84	222.34	219.29
（23）	37.19	36.68	69.73	68.97	92.98	91.61	162.71	159.92	232.45	229.40
24	38.81	38.30	72.77	72.00	97.02	95.65	169.79	166.99	242.55	239.50
25	40.43	39.92	75.80	75.04	101.06	99.69	176.86	174.07	252.66	249.61
26	42.04	41.53	78.83	78.07	105.11	103.73	183.94	181.14	262.76	259.72
（27）	43.66	43.15	81.86	81.10	109.15	107.78	191.01	188.22	272.87	269.82
28	45.28	44.77	84.89	84.13	113.19	111.82	198.08	195.29	282.98	279.93
30	48.51	48.00	90.96	90.20	121.28	119.90	212.23	209.44	303.19	300.14
32	51.74	51.24	97.02	96.26	129.36	127.99	226.38	223.59	323.40	320.35
36	58.21	57.70	109.15	108.39	145.53	144.16	254.68	251.89	363.80	360.78
40	64.68	64.17	121.28	120.51	161.70	160.33	282.98	280.18	404.25	401.21
48	77.62	77.11	145.53	144.77	194.04	192.67	339.57	336.78	485.10	482.06
60	97.02	96.51	181.91	181.15	242.55	241.18	424.47	421.67	606.38	603.33

注：1.括号内的齿数尽量不要用。

2. d_p为分度圆直径，d_0为齿顶圆直径。

3.分度圆直径是用下式求出的值，$d_p=\dfrac{\text{齿距}p_t\times\text{齿数}}{\pi}$。

6.5 链传动

自行车的链条速度是稳定的

❶ 链传动是通过链条和链轮之间的啮合来传递动力的。
❷ 链传动比带传动更能够有效地传递更大的功率。

(1) 链传动及其特征

在图6.12中，显示了由链条和链轮之间的啮合所进行的链传动。链传动具有以下的特征。

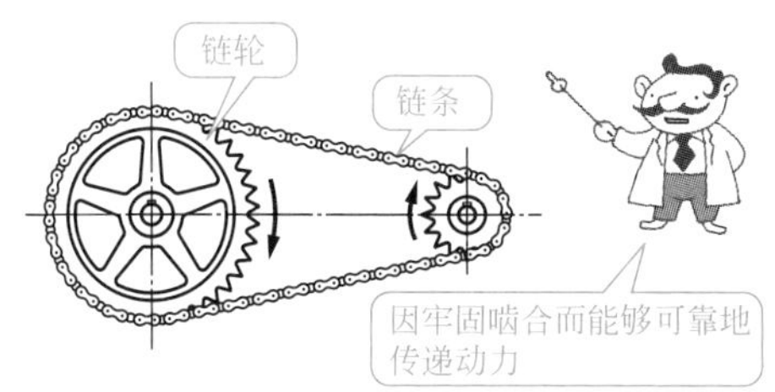

图6.12 链传动

① 无滑动，传动比稳定，能准确可靠地传递大功率。

② 从一个主动轴可同时向多个从动轴传递。

③ 由于不是摩擦传动，因此不需要初始张紧力，没有施加在轴承上的负荷。

④ 不受潮湿和热量的影响。

然而，由于链条较重，因而有磨损导致发生振动和噪声的缺点。链传动与带传动相比，适用于低速转动且负载变化较小的传动。在我们熟悉的物品中，应用在自行车、摩托车、汽车等的动力传递。

(2) 滚子链

如图6.13所示，**滚子链**的组成是用销轴连接钢板制的睫眉状的链板，在销轴上镶嵌有套筒和滚子。销轴固定在外链板上，套筒固定在内链板上，但滚子能够自由转动。

滚子链的链节总数要尽量地取偶数。当链节总数不得已而成为奇数时，采用图6.14所示的过渡链节来进行连接。通常使用单排链，然而，当传递较大的功率时，也能够使用多排链。

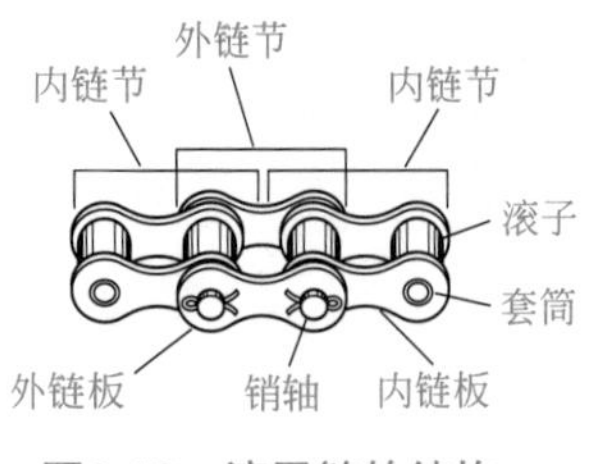

图6.13　滚子链的结构

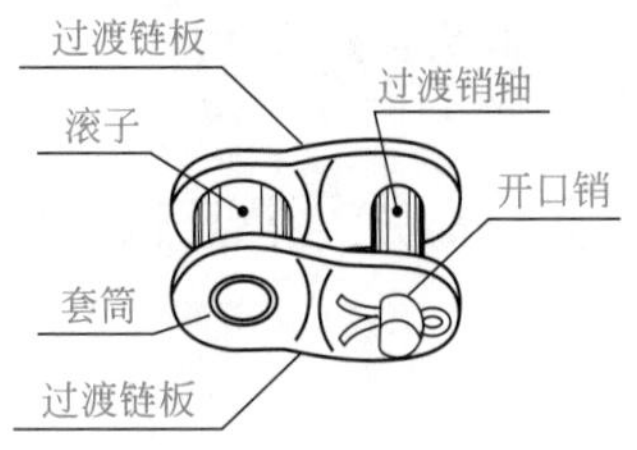

图6.14　过渡链节的结构

(3) 链轮

滚子链用的链轮是用铸钢或者高级铸铁制造的，齿廓形状根据JIS标准的限定为S齿形和U齿形。但是，通常使用齿形相对简单的S齿形。表6.14显示了S齿形链轮的尺寸。

表6.14　滚子链用链轮（JIS B 1801—2009）　mm

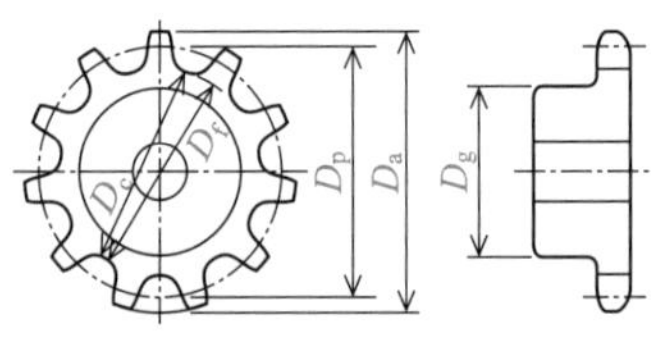

名称	计算式
节圆直径D_p	$D_p=\dfrac{p}{\sin\dfrac{180°}{z}}$
外圆直径D_a	$D_a=p\left(0.6+\cot\dfrac{180°}{z}\right)$
齿根圆直径D_f	$D_f=D_p-d_1$
齿根距离D_c	$D_c=D_f$　（偶数齿） $D_c=D_p\cos\dfrac{90°}{z}-d_1$　（奇数齿） $=p\dfrac{1}{2\sin\dfrac{180°}{2z}}-d_1$
最大轮毂直径及最大槽直径D_g	$D_g=p\left(\cot\dfrac{180°}{z}-1\right)-0.76$

注：p为滚子链的节距；d_1为滚子链的滚子外径；z为齿数。

(4) 链传动的设计

在链传动的设计中，作为设计条件能够给出的有传递功率、转速、传动比及轴间距离等。

1）链的速度和传递功率

在链传动过程中，因为松弛侧没有张力，所以张紧侧的张力就成为了驱动从动链轮转动的力。链的速度v可以通过下式获得。

$$v=\frac{zpn}{1000\times 60}\quad (\mathrm{m/s}) \tag{6.21}$$

式中，n为从动链轮的转动速度，r/min；z为从动链轮的齿数；p为链条的节距，mm。

这时的传递功率P可以由下式来求解。

$$P=T_t v\quad (\mathrm{kW}) \tag{6.22}$$

式中，T_t为张紧侧的许用拉力，kN。

链条的许用张力为表6.15中最小拉伸强度的1/10～1/7。

表 6.15　滚子链的主要尺寸和最小拉伸强度（摘自 JIS B 1801—2009）　mm

公称序号	节距 p	滚子外径 d_1	内链板内宽 d_1	排距 p_t	最小拉伸强度③/kN
25	6.35	3.30①	3.10	6.4	3.5
35	9.525	5.08①	4.68	10.1	7.9
41②	12.70	7.77	6.25	—	6.7
40	12.70	7.95	7.85	14.4	13.8
50	15.875	10.16	9.40	18.1	21.8
60	19.05	11.91	12.57	22.8	31.1
80	25.40	15.88	15.75	29.3	55.6
100	31.75	19.05	18.90	35.8	86.7
120	38.10	22.23	25.22	45.4	124.6
140	44.45	25.40	25.22	48.9	169.0
160	50.80	28.58	31.55	58.5	222.4
200	63.50	39.68	37.85	71.6	347.0
240	76.20	47.63	47.35	87.8	500.4

① 这种场合的d_1表示套筒的外径。

② 公称序号41是轻载系列，只有1列。

③ 最小拉伸强度表示1列的场合。

2）链轮的选择步骤

① 选择主动链轮所需的齿数z_1。

② 速度传动比i通过式（6.23）获得，i最大不超过8。

$$i=\frac{n_1}{n_2} \tag{6.23}$$

式中，n_1、n_2分别为主动轴的转动速度及从动轴的转动速度。

③ 从动链轮的齿数z_2由下式给出。

$$z_2 = iz_1 \tag{6.24}$$

④ 链轮的齿数应该在最小17和最大114之间进行选择。

3）链的长度和最大轴间距离

链的长度X用节距p的整数倍来表示。两轴传动场合下的链节数计算，首先是将计算链节数X_0作为主要的轴间距离，再通过下述公式确定计算链节数。

当两链轮的齿数z相同时，计算链节数X_0基于下式求解得出。

$$X_0 = \frac{2a_0}{p} + z \tag{6.25}$$

当两链轮的齿数z_1、z_2（$z_1 < z_2$）不同时，计算链节数X_0基于下式求解得出。

$$X_0 = \frac{2a_0}{p} + \frac{z_1 + z_2}{2} + \frac{\left[\left(z_2 - z_1\right) / 2\pi\right]^2 p}{a} \tag{6.26}$$

将计算结果X_0值的小数部分向上舍入，整数值X作为链节的数量。当链节数X为奇数时，改变轴间的距离a_0，使链节数变成为偶数。a_0是轴间的距离，适当的优选值为链节距的30～50倍。另外，小链轮的包角至少应为120°。

最大轴间距离a通过下述的公式计算。

当链轮的齿数相同时，最大轴间距离a通过下式计算获得。

$$a = p\left(\frac{X - z}{2}\right) \tag{6.27}$$

当链轮的齿数不同时，最大轴间距离a通过下式计算获得。

$$a = f_4 p\left[2X - \left(z_1 + z_2\right)\right] \tag{6.28}$$

然而，式（6.28）中节数的系数f_4的值如表6.16所示。

表6.16　节数的系数f_4的计算值（摘自 JIS B 1810—2011）

$\left\|\frac{X - z_s}{z_2 - z_1}\right\|$	f_4	$\left\|\frac{X - z_s}{z_2 - z_1}\right\|$	f_4	$\left\|\frac{X - z_s}{z_2 - z_1}\right\|$	f_4	$\left\|\frac{X - z_s}{z_2 - z_1}\right\|$	f_4
13	0.24991	2.7	0.24735	1.54	0.23758	1.26	0.22520
12	0.24990	2.6	0.24708	1.52	0.23705	1.25	0.22443
11	0.24988	2.5	0.24678	1.50	0.23648	1.24	0.22361
10	0.24986	2.4	0.24643	1.48	0.23588	1.23	0.22275
9	0.24983	2.3	0.24602	1.46	0.23524	1.22	0.22185
8	0.24978	2.2	0.24552	1.44	0.23455	1.21	0.22090

续表

$\left\|\dfrac{X-z_s}{z_2-z_1}\right\|$	f_4	$\left\|\dfrac{X-z_s}{z_2-z_1}\right\|$	f_4	$\left\|\dfrac{X-z_s}{z_2-z_1}\right\|$	f_4	$\left\|\dfrac{X-z_s}{z_2-z_1}\right\|$	f_4
7	0.24970	2.1	0.24493	1.42	0.23381	1.20	0.21990
6	0.24958	2.0	0.24421	1.40	0.23301	1.19	0.21884
5	0.24937	1.95	0.24380	1.39	0.23259	1.18	0.21771
4.8	0.24931	1.90	0.24333	1.38	0.23215	1.17	0.21652
4.6	0.24925	1.85	0.24281	1.37	0.23170	1.16	0.21562
4.4	0.24917	1.80	0.24222	1.36	0.23123	1.15	0.21390
4.2	0.24907	1.75	0.24156	1.35	0.23073	1.14	0.21245
4.0	0.24896	1.70	0.24081	1.34	0.23022	1.13	0.21090
3.8	0.24883	1.68	0.24048	1.33	0.22968	1.12	0.20923
3.6	0.24868	1.66	0.24013	1.32	0.22912	1.11	0.20744
3.4	0.24849	1.64	0.24977	1.31	0.22854	1.10	0.20549
3.2	0.24825	1.62	0.24938	1.30	0.22793	1.09	0.20336
3.0	0.24795	1.60	0.24897	1.29	0.22729	1.08	0.20104
2.9	0.24778	1.58	0.24854	1.28	0.22662	1.07	0.19848
2.8	0.24758	1.56	0.24807	1.27	0.225 93	1.06	0.19564

6.5 当在一个以400r/min转动、具有20个齿的小链轮上使用40号链条时，请求解传递功率。这里，许用张力为最小拉伸强度的十分之一。

解：

公称序号40的链条节距由表6.15查出，为$p=12.7$ mm。

链的运动速度

$$v=\frac{zpn}{1000\times 60}=\frac{20\times 12.7\times 400}{1000\times 60}=1.69\ (\text{m/s})$$

由表6.15查出，最小拉伸强度为13.8kN。由于许用张力T为其1/10，则T=1.38kN。

传递功率

$$P=Tv=1.38\times 1.69=2.33\ (\text{kW})$$

因此，传递功率为2.33 kW。

习 题

习题1 两个直径分别为800mm和250mm的带轮，当轴间距离为2000mm时，请求解出开口式传动和交叉式传动的带长。

习题2 请求解出带速8m/s的1根B型V带所能传递的功率。这里，带和带轮之间的摩擦因数为0.3，V带的许用应力为2MPa，包角为120°。

习题3 当主动带轮的直径为150mm、从动带轮的直径为750mm、V带使用B型的120号带时，请求解出这时的轴间距离。

习题4 在张紧侧的张力为1500N、松弛侧的张力为600N的齿形带传动装置中，请求解出齿形带的初始张紧力和有效张力。

习题5 当速度为3m/s且传递功率为2.5kW时，请求出链条张紧侧的张力。另外，当安全系数为8时，求解出链条的最小拉伸强度。

习题6 齿数为25的小链轮以速度300r/min转动时，请求解出在链轮上使用50号链所能传递的功率。这里，许用张力为最小拉伸强度的1/10。

第 7 章

缓冲件

顾名思义，缓冲这一词汇的含义就是“在两个物体之间减缓冲击或者减慢变化的过程”。缓冲件是一种能够吸收力的冲击或速度（动能）等的机械零件。

在本章中，我们以缓解力的“弹簧”和缓解速度的“制动器”为例，阐述缓冲件的类型，学习采用何种方法来缓解力和速度。

7.1 弹簧的类型与性质

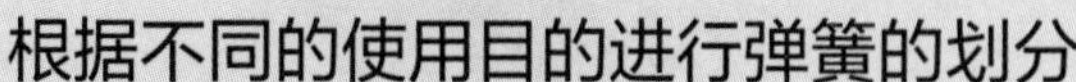

根据不同的使用目的进行弹簧的划分

要点

❶ 弹性系数大的弹簧硬度大，难以变形。
❷ 弹性势能大的弹簧能够储存巨大的能量。

（1）弹簧的类型

弹簧是利用材料的弹性变形的一种机械零件，起到减小振动、缓和冲击、调整载荷等的作用，在实际上已经被广泛地应用。金属弹簧根据其形状分类如下。

1）螺旋弹簧

螺旋弹簧如图7.1所示，这是将钢丝线缠卷成螺旋形制造而成的，因具有容易制造、效率高、加工便宜等特点而被广泛地使用。螺旋弹簧由载荷的种类分为压缩螺旋弹簧［图7.1（a）］、拉伸螺旋弹簧［图7.1（b）］和扭转螺旋弹簧［图7.1（c）］。

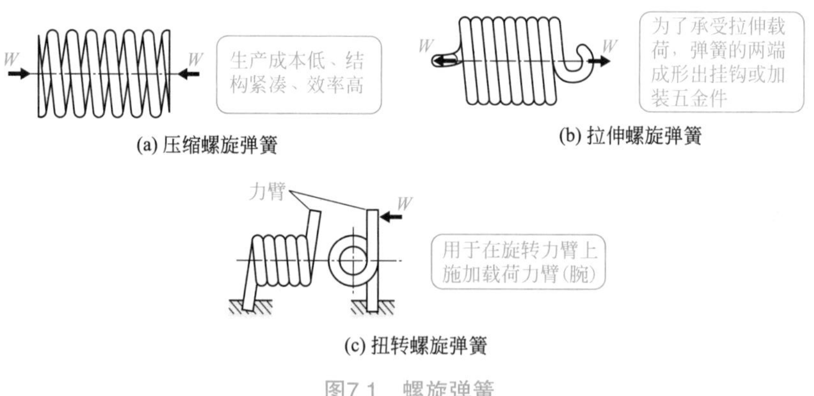

(a) 压缩螺旋弹簧

(b) 拉伸螺旋弹簧

(c) 扭转螺旋弹簧

图7.1　螺旋弹簧

2）盘簧（发条）

盘簧如图7.2所示，这是将薄钢板或带钢等的材料缠绕成盘状卷而制成的。通过作用在轴上的扭矩，使弹簧材料因弯曲而储存弹性势能。盘簧被作为手表或玩具的发条使用。

3）板弹簧

板弹簧如图7.3所示，这是由不少于1片的弹簧钢板叠加组合并在其中间固定而成的弹簧，应用于铁路车辆以及卡车的悬挂装置。

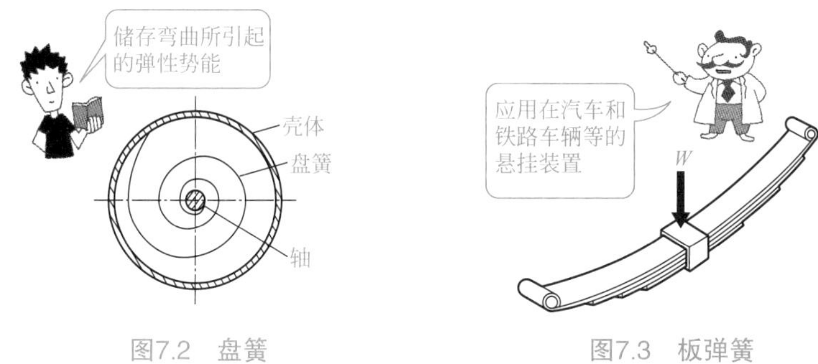

图7.2　盘簧　　　图7.3　板弹簧

4）扭转梁

扭转梁如图7.4所示，这是将梁的一端固定而另一端施加转矩的结构。利用转矩在力臂所产生的偏转作为弹簧，是在汽车悬架装置中使用的一种机构。

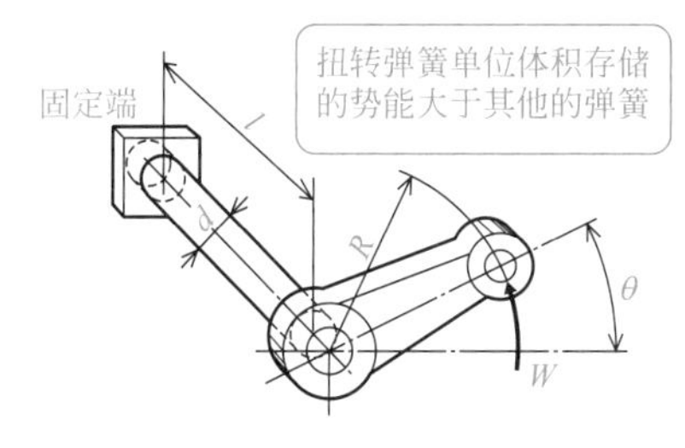

图7.4　扭转弹簧

(2) 弹簧的性质

1）弹性系数

当向弹簧施加载荷W(N)时，会发生δ(mm)的变位（移动）；由于两者之间是成比例的，因此有如下的关系表达式成立。

$$W = k\delta, \quad k = \frac{W}{\delta} \tag{7.1}$$

这一比例系数称为弹簧的**弹性系数**，它表示使弹簧产生单位长度拉伸变形所需要的力。这一数值越大，弹簧越硬，越难变形。

在扭转弹簧的情况下，转矩M(N·mm)与扭转角θ(rad)之间也成比例关系，并由下式表示。

$$M = k_t\theta,\quad k_t = \frac{M}{\theta} \tag{7.2}$$

这一式中的比例系数称为弹簧的**扭转系数**。

2）**弹性势能**

在弹性极限内，当载荷施加到弹簧上时，等于施加载荷所做功的能量储存在弹簧内部。这种能量称为**弹性势能**。

假设作用在弹簧上的负载为M(N)和弹簧发生的形变为δ(mm)，则弹性势能U(N·mm)对应于图7.5中的阴影区域，并由下式表示。

$$U = \frac{1}{2}W\delta = \frac{1}{2}k\delta^2 \tag{7.3}$$

弹性势能越大的弹簧，能储存的能量越多。

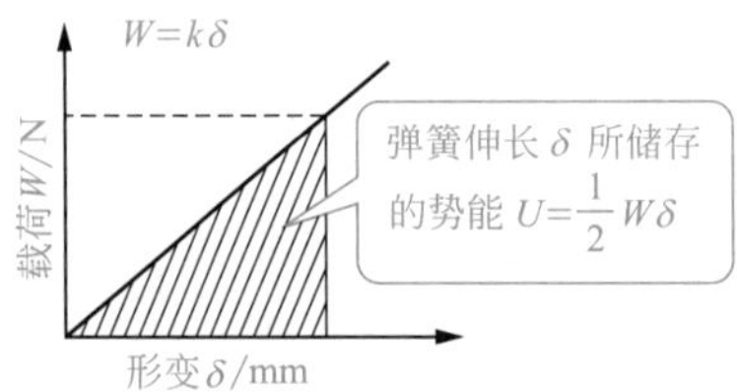

图7.5　弹性势能

专栏　形变

弹簧是利用材料的弹性变形的一种机械零件。一旦在弹簧施加载荷或力矩，弹簧就会变形，但用专业术语将这种变形称为形变。因此，形变分为两种情况，一是弹簧从无负载状态到施加负载状态的长度变化，如压缩螺旋弹簧、拉伸螺旋弹簧、板弹簧等；二是弹簧被施加载荷或者力矩时转角或转速的变化，如扭转螺旋弹簧、盘簧、扭杆等。

在本书中，弹簧的变形用“形变”这一术语表示。

7.2 弹簧的设计

设计的要点是弹簧指数和弹性系数

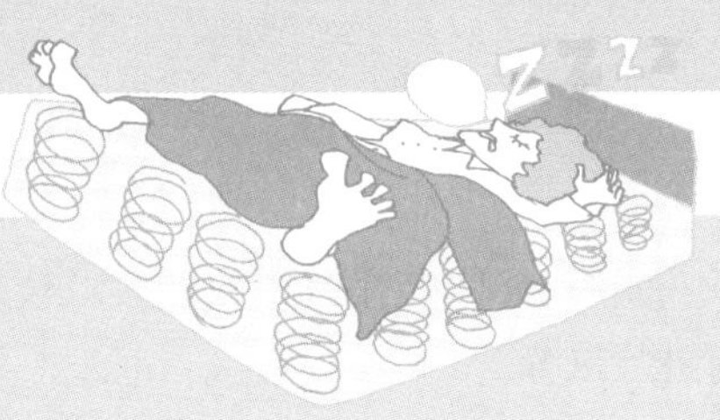

❶ 螺旋弹簧的设计要考虑扭转应力。
❷ 板弹簧的设计要考虑弯曲应力。

（1） 螺旋弹簧的设计

在图7.6中，展示的是具有圆形横截面的钢丝被缠绕成螺旋形状，称其为螺旋弹簧。

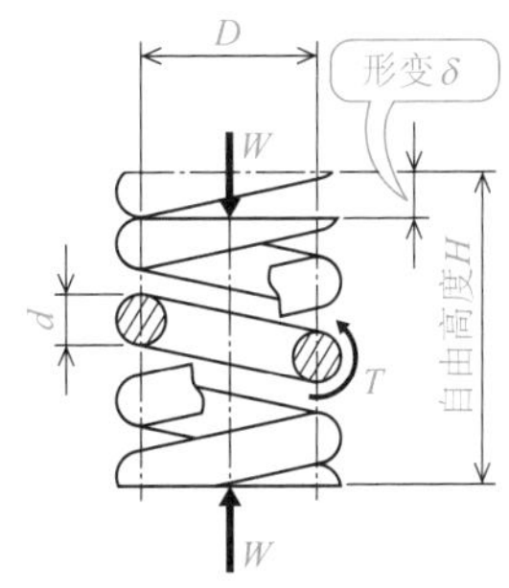

图7.6　压缩螺旋弹簧

1）扭转应力

当载荷W(N)作用于具有直径d(mm)的弹簧丝和弹簧中径D(mm)的压缩螺旋弹簧时，在弹簧中会产生扭矩T(N・mm)，用公式表示为如下形式。

$$T=\frac{D}{2}W \tag{a}$$

另外，由于在弹簧上有扭矩T的作用，因此假设钢丝的抗扭截面模数为Z_p时，此时弹簧丝所产生的扭转应力τ(MPa)由式（1.35）和表3.2给出。

$$T=Z_p\tau=\frac{\pi}{16}d^3\tau \tag{b}$$

由于有式（a）=式（b）的关系成立，因此求解得出的扭转应力如下。

$$\frac{D}{2}W=\frac{\pi}{16}d^3\tau$$

所以

$$\tau=\frac{8WD}{\pi d^3} \tag{c}$$

但是，考虑到弹簧丝弯曲等的影响，采取应力修正系数κ进行修正，实际的扭转应力τ通过下式计算。

$$\tau=\kappa\frac{8WD}{\pi d^3} \tag{7.4}$$

应力修正系数κ用下式获得。

$$\kappa = \frac{4c-1}{4c-4} + \frac{0.615}{c} \tag{7.5}$$

式中，c称为弹簧指数，其取值有可能造成加工性问题，通常在4～10的范围内进行选择。

$$c = \frac{D}{d} \tag{7.6}$$

式中，D为弹簧的中径，mm。

$$D = \frac{D_1 + D_2}{2}$$

式中，D_1为弹簧的内径，mm；D_2为弹簧的外径，mm。

2）**有效圈数**

螺旋弹簧的有效圈数N_a是指螺旋弹簧能有效地作为弹簧起作用的圈数，可由下式表示。

$$N_a = \frac{Gd^4\delta}{8D^3W} \tag{7.7}$$

式中，G为剪切弹性模量，MPa；δ为形变，mm。

3）**压并高度**

螺旋弹簧的压并高度H_S (mm) 是应力和形变变得最大的位置，并由下式表示。

$$H_S = (N_t - 1)d + (t_1 + t_2) \tag{7.8}$$

式中，N_t为螺旋弹簧的总圈数；d为弹簧丝的直径，mm；$t_1 + t_2$为螺旋弹簧两端部的厚度之和，mm。

4）**自由高度**

螺旋弹簧的自由高度H (mm) 是螺旋弹簧在无负载状态下的高度。压缩螺旋弹簧的自由高度H(mm)由最大形变δ_{max} (mm) 和压并高度H_S (mm) 的总和表示，如下式所示。

$$H = H_S + \delta_{max} \tag{7.9}$$

5）**弹簧的弹性系数**

螺旋弹簧的弹性系数由式（7.1）和式（7.7）求解得出。

$$k = \frac{W}{\delta} = \frac{Gd^4}{8N_aD^3} \tag{7.10}$$

7.1 当150N的载荷施加到钢丝线直径为10mm、中径直径为100mm、有效圈数为14圈的压缩螺旋弹簧时，请确定扭转应力、形变及弹性系数。此时，设钢丝线的剪切弹性模量为80GPa。

解：

应力修正系数κ通过弹簧指数c由下式获得。

$$c=\frac{D}{d}=\frac{100}{10}=10$$

$$\kappa=\frac{4c-1}{4c-4}+\frac{0.615}{c}=\frac{4\times10-1}{4\times10-4}+\frac{0.615}{10}$$

$$=1.144$$

扭转应力由式（7.4）获得。

$$\tau=\kappa\frac{8WD}{\pi d^3}=1.144\times\frac{8\times150\times100}{\pi\times10^3}$$

$$=43.7\ (\text{MPa})$$

形变由式（7.7）变形后求得。

$$\delta=\frac{8N_\text{a}WD^3}{Gd^4}=\frac{8\times14\times150\times100^3}{80\times1000\times10^4}$$

$$=21\ (\text{mm})$$

螺旋弹簧的弹性系数能由式（7.10）求出。

$$k=\frac{W}{\delta}=\frac{150}{21}=7.14\ (\text{N/mm})$$

（2） 板弹簧的设计

在板弹簧中，包括使用长方形或者三角形单块板的单板弹簧和使用多块板重叠的多板弹簧。板弹簧的强度计算时可以将其考虑为受弯曲应力影响的梁。这时，可作为无论任何截面上产生的应力都是均匀的等强度的梁，进行板弹簧的设计。

图7.7表示的是在长方形截面的等强度梁的自由端上作用有集中载荷W的状况。

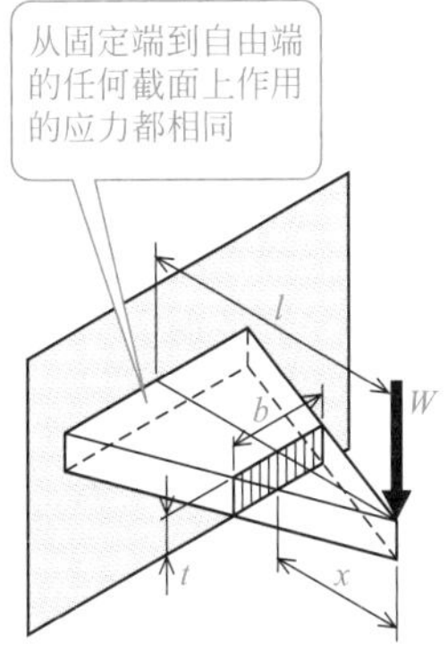

图7.7 等强度梁

离自由端的距离为x处的截面的弯矩M是：

$$M = Wx \tag{7.11}$$

当x处的横截面的宽度为b、厚度为t以及x横截面处产生的弯曲应力为σ_b时，由式（1.28）和表1.4能够得到下式。

$$M = \sigma_b Z = \sigma_b \frac{bt^2}{6} \tag{7.12}$$

由式（7.11）和式（7.12），推导出下式。

$$\frac{b}{x} = \frac{6W}{\sigma_b t^2} \tag{7.13}$$

在上式中，假设弯曲应力σ_b和板厚度t为常数，则板的宽度b与离自由端的距离x成比例。

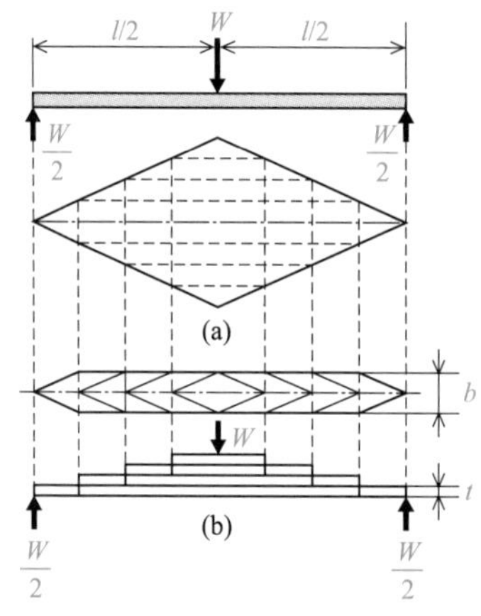

图7.8　多层板弹簧

在图7.8所示的多层板弹簧中，将图（a）所示的厚度一致的等强度梁切割成等间距的梁，再重叠成图（b）所示的多层板弹簧。当弹簧出现挠度时，假设在重叠的板之间没有摩擦，则最大的挠度发生在弹簧的中心处，最大应力σ(MPa)和最大挠度δ(mm)分别可以通过以下公式获得。

$$\sigma = \frac{3}{2} \times \frac{Wl}{nbt^2} \quad \text{(MPa)} \tag{7.14}$$

$$\delta = \frac{3}{8} \times \frac{Wl^3}{nbt^3 E} \quad \text{(mm)} \tag{7.15}$$

式中，W为载荷，N；b为板的宽度，mm；l为跨距，mm；t为板厚，mm；n为厚度一致的等强度梁的板数；E为抗弯弹性模量，MPa。

例题 7.2　在如图7.8所示的板弹簧中，当跨距为800mm、板的宽度为200mm、板厚为15mm、板的数量为4以及抗弯弹性模量为206GPa时，请求解出载荷为10kN的最大应力和最大挠度。这里，假设没有摩擦存在。

解：

最大应力由式（7.14）得：

$$\sigma = \frac{3}{2} \times \frac{Wl}{nbt^2} = \frac{3 \times 10000 \times 800}{2 \times 4 \times 200 \times 15^2} = 66.6 \text{ (MPa)}$$

最大挠度由式（7.15）得：

$$\delta=\frac{3}{8}\times\frac{Wl^3}{nbt^3E}=\frac{3\times10000\times800^3}{8\times4\times200\times15^3\times206\times1000}$$
$$=3.45\ (\text{mm})$$

专栏　材料牌号和钢号

JIS标准中的材料都具有材料牌号。材料牌号在写法上有约定规则，按顺序排列表示。

① 表示材质的标号字母（A：铝，B：青铜，C：铜，F：铁，S：钢，用英语或者罗马的首字母）。

② 表示规格或者产品名称的牌号（B：棒，C：铸造品，U：特殊用途钢，UP：弹簧钢，US：不锈钢等）。

③ 材料的类型（最小抗拉强度或者材料的类型序号）。

弹簧材料所使用的弹簧钢从SUP3到SUP13被标准化成九个种类。

弹簧是一种存储机械能的机械零件，通过淬火和回火处理而使弹簧钢成型为弹簧，能够增加作为弹簧使用的弹性这一特征。

7.3 制动器的类型

制动器是制动转动的装置

❶ 最常使用的是摩擦制动器。
❷ 摩擦制动器是利用摩擦材料与带产生的摩擦力而获得制动力的。
❸ 除摩擦制动器外，还有使用流体力或者电磁力的制动器。

制动器是用于控制或停止转动的一种制动装置，使用在车辆和工业机器设备中。通常使用的是利用摩擦力来进行制动的摩擦制动器，但也有利用流体或电磁力等的制动器。下面举例说明制动器的类型。

(1) 制动块式制动器

制动块式制动器是一种通过将制动块压向正在转动的制动鼓上来进行制动的装置。

利用一个制动块进行制动的装置称为单制动块式制动器（图7.9），利用两个制动块进行制动的装置称为双制动块式制动器。需要大制动力时使用这种制动器。

(2) 带式制动器

带式制动器是一种通过在转动的制动鼓上套绕制动带，利用收紧制动带而产生制动效果的一种制动器（图7.10）。

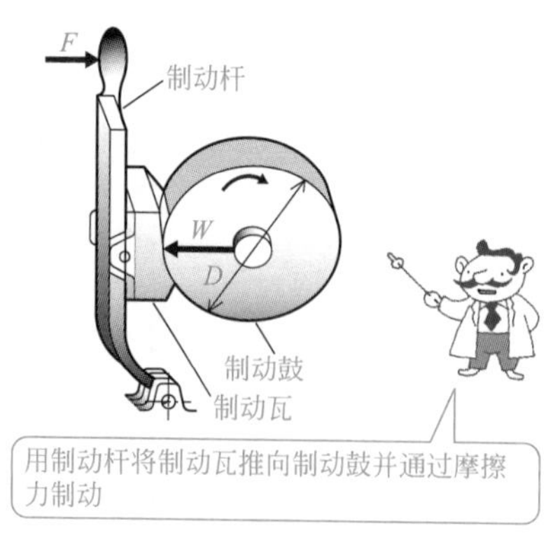

图7.9 单制动块式制动器

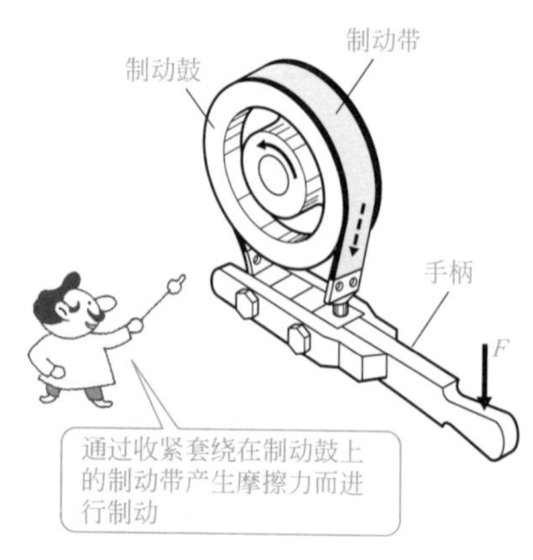

图7.10 带式制动器

（3）盘式制动器

盘式制动器如图7.11所示，通过从转动的圆盘（制动盘）两侧按压被称为制动块的摩擦材料而进行制动，被应用于汽车及铁路车辆。

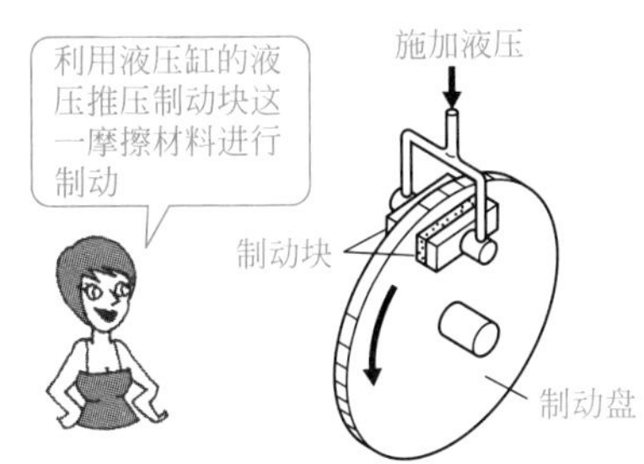

图7.11 盘式制动器

（4）螺旋式制动器

螺旋式制动器是一种自动负载的制动器，利用螺纹紧固力进行制动（图7.12）。这种装置被使用在卷扬机或起重机等需要进行速度控制或能在任意位置停止的设备。

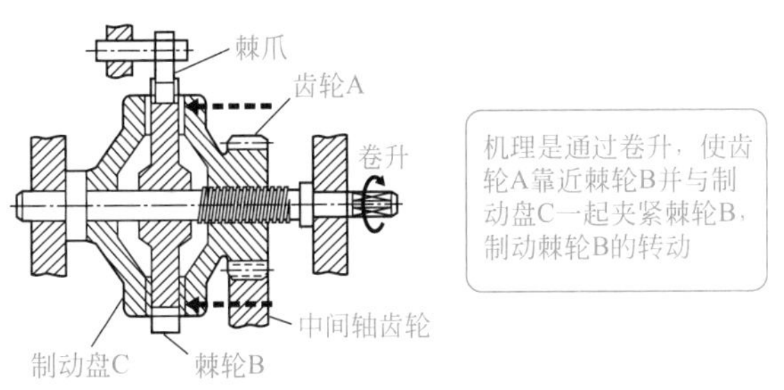

图7.12 螺旋式制动器

（5）鼓式制动器

鼓式制动器如图7.13所示，这是在制动鼓内装有制动蹄，利用制动蹄向外扩张来进行制动的装置；具有能够减小外形、获得较大制动力的特征，它用于汽车等的制动。

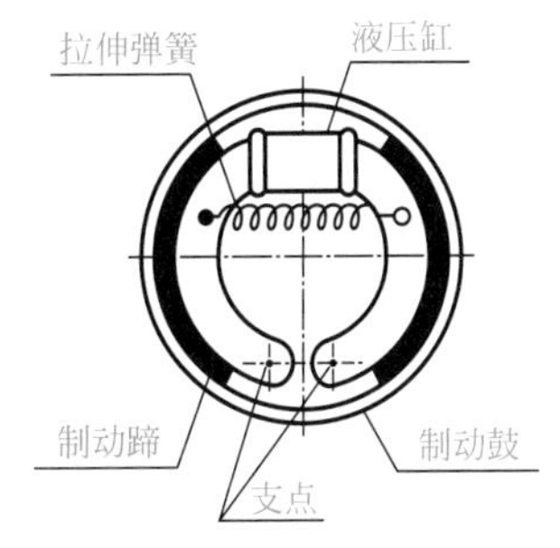

图7.13 鼓式制动器

第7章 缓冲件

7.4 制动块式制动器的设计

关键的设计点是刹车蹄

❶ 要增加制动力就要使用摩擦因数较大的摩擦材料。
❷ 摩擦用的制动蹄尺寸由压力和制动能力确定。

(1) 单制动块式制动器

在图7.14所示的**单制动块式制动器**上利用了杠杆原理。将力F(N)施加到长度为a的制动杆上，这相当于离开支点距离b(mm)的制动蹄在转动的制动鼓上按压W(N)的力，利用杠杆原理能够求得如下的表达式。

$$Fa = Wb \tag{7.16}$$

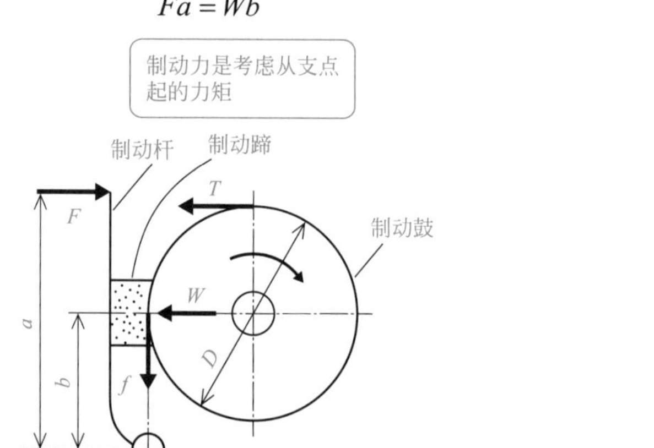

图7.14 单制动块式制动器

当制动蹄的摩擦因数为μ时，由摩擦力$f=\mu W$可知，施加到制动杆的力F求解如下。

$$Fa = \frac{f}{\mu}b$$
$$F = \frac{fb}{\mu a} \tag{7.17}$$

这种摩擦力f作用在与制动鼓转动相反的方向上，并且成为用于制动转动的制动力f(N)，并通过下式获得。

$$f = \frac{F\mu a}{b} \tag{7.18}$$

这一制动力所引起的力矩称为制动力矩T(N·mm)，当制动鼓的直径为D(mm)时，制动力矩由下式求解得出。

$$T = f\frac{D}{2} = \mu W\frac{D}{2} \tag{7.19}$$

因此，为了增加制动力，最后是延长制动杆的长度a且在制动蹄上使用摩擦因数μ大的材料。通常，a/b的值是3～6。

（2）多制动块式制动器

在图7.15所示的双制动块式制动器中，两个制动蹄安装在制动鼓的两侧，不仅能增加制动力，而且施加在轴上的制动载荷也能平衡，从而能够获得较大的制动力。

（3）制动蹄

在制动块式的制动器中，使用称为**制动蹄**的摩擦材料压在制动鼓上。制动蹄的形状如图7.16所示，尺寸由如下所述的推压的压力和制动能力决定。

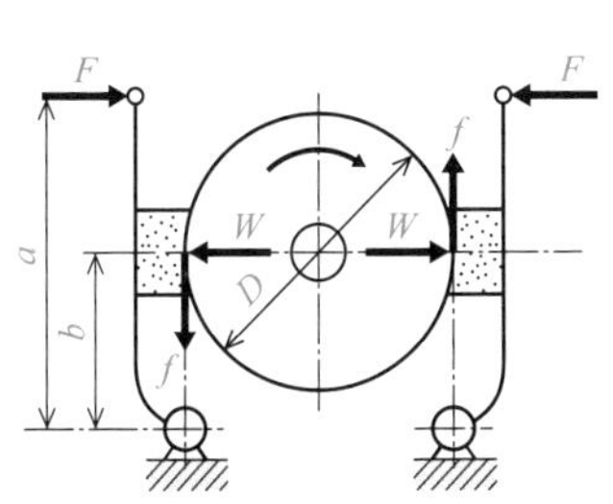

图7.15　双制动块式制动器

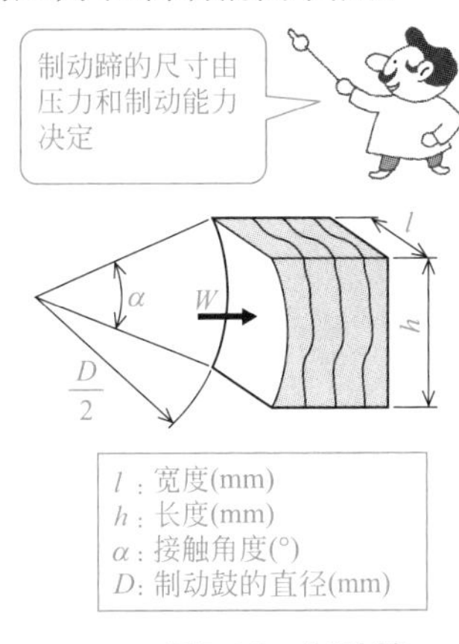

图7.16　制动蹄

1）推压的压力

在图7.16中，如果将作用在制动蹄上的力W(N)用推压的压力p(MPa)表示，则可以通过下式来获得p。

$$p = \frac{W}{hl} \quad \text{(MPa)} \tag{7.20}$$

另外，推压的压力p的容许值p_a因使用的摩擦材料而不同，见表7.1。

制动蹄的接触角α越小，推压的压力越均匀，但相对于压力所需要的作用力也越大。因此接触角α通常为50°～70°。

表 7.1　摩擦材料的容许压力值和摩擦因数

摩擦材料	容许压力值 p_a/MPa	摩擦因数 μ	备注
铸铁	0.93～1.72	0.1～0.2	干燥
	0.93～1.72	0.08～0.12	润滑
铜带	—	0.15～0.20	干燥
	—	0.10～0.2	润滑
低碳铜	0.83～1.47	0.1～0.2	干燥
黄铜	—	0.1～0.2	干燥 / 润滑
青铜	0.54～0.83	0.1～1.2	干燥 / 润滑
木材	0.2～0.3	0.10～0.35	润滑
纤维制品	0.05～0.30	0.05～0.10	干燥 / 润滑
皮制品	0.05～0.30	0.23～0.30	干燥 / 润滑

注：制动器系统的材料设定为铸铁、铸钢及特殊铸铁。

2）制动能力

因为在制动蹄和制动鼓之间产生摩擦热，所以这种摩擦热必须散发出去。假设单位时间所产生的摩擦功率为P（W），当施加在制动蹄上的力为W(N)、制动力为f(N)、制动鼓的圆周速度为v (m/s)、摩擦因数为μ时，摩擦功率P由下式给出。

$$P = fv = \mu Wv \quad (\mathrm{W}) \tag{7.21}$$

将式（7.20）代入上式，就成为下式的形式。

$$\mu pv = \frac{P}{hl} \quad (\mathrm{MPa \cdot m/s}) \tag{7.22}$$

等式左边的μpv值称为**制动能力**，并产生与该值相应的热量。因此，在设计中首先要充分考虑制动能力，再确定制动蹄的尺寸。

例题 7.3　在图7.14所展示的单制动块式制动器中，当制动鼓的直径D=500mm、制动杆a=1000mm、支点长b=300mm时，在制动杆上施加F=150N的制动力，请求解出制动力f和制动力矩T。这里，摩擦因数设定为μ=0.2。

解：

制动力由式（7.18）计算，得

$$f = \frac{F\mu a}{b} = \frac{150 \times 0.2 \times 1000}{300} = 100\ (\mathrm{N})$$

制动力矩由式（7.19）计算，得：

$$T = f\frac{D}{2} = 100 \times \frac{500}{2} = 25000\ (\mathrm{N \cdot mm}) = 25\mathrm{N \cdot m}$$

专栏　各种类型的制动器

凡有关制动装置的都统称为制动器（brake）。机械效率用有效功率和供给功率之间的比值来表示，从供给功率中减去有效功率所剩的就是损耗功率。损耗功率通常是指诸如摩擦等的消耗功率，换而言之，这里的摩擦却成为制动器的动力。正如目前我们所了解的那样，制动器通过利用摩擦力来尝试阻止运动。

制动器的类型有汽车的发动机制动器、电动摩托车等的电动机能源再生制动器、飞机的逆向喷射等。与其说这些是制动装置，不如说这些装置是使用动力去遏制运动。尤其是电动机的再生制动将电动机转换成发电机，进行能量的回收。实际上，这种制动器是理想中的。目前，能够在进行制动的同时收集运动能量的这种情况从未有过。

然而，有些交通工具却无论如何都不能使用到这种制动器的功能，这就是船舶。大型船舶即使发动机停止运转，它在停止运动前也有可能行驶几千米，没有像汽车那样起作用的发动机制动器。为此，雇用领航船，除了起到引导船舶航行的作用外，也有通知航行中的船舶有大型船舶靠近的信息作用，防止海上事故发生。

7.5 带式制动器的设计

带式制动器要注意转动方向

❶ 制动力是带的张紧侧与松弛侧之间的张力差。
❷ 施加在制动杆上的力因旋转体的旋转方向有差异。
❸ 如果增加带的接触角度，则制动力也会增加。

在图7.17所示的带式制动器中，在制动杆上施加作用力F(N)，假设带的张紧侧和松弛侧的张力分别为T_1（N）和T_2（N）、制动力为f[N]、摩擦因数为μ以及制动鼓的接触角和带的接触角度为θ(rad)，由式（6.9）和式（6.10），有以下的关系表达式成立。

$$T_1 = T_2 \mathrm{e}^{\mu\theta} \tag{7.23}$$

$$\begin{aligned} f &= T_1 - T_2 \\ &= T_2\left(\mathrm{e}^{\mu\theta} - 1\right) \end{aligned} \tag{7.24}$$

$$T_1 = f \frac{\mathrm{e}^{\mu\theta}}{\mathrm{e}^{\mu\theta} - 1} \tag{7.25}$$

$$T_2 = f \frac{1}{\mathrm{e}^{\mu\theta} - 1} \tag{7.26}$$

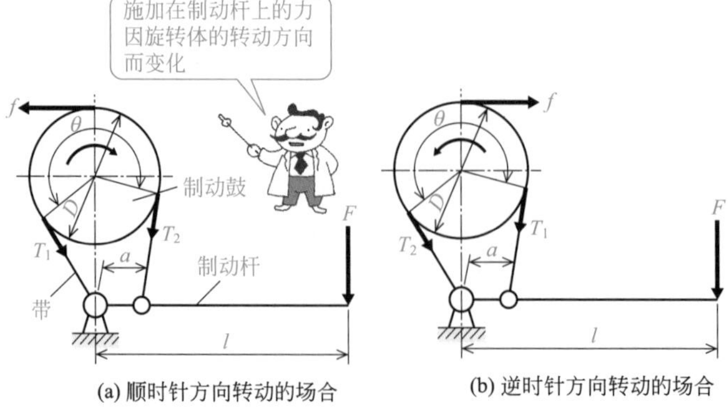

图7.17　带式制动器

作用在制动杆上的力F(N) 因制动鼓的转动方向而有所差异。

当制动鼓顺时针方向转动时，由$Fl = T_2 a$，有下列关系成立。

$$F=\frac{T_2a}{l}=f\frac{a}{l}\times\frac{1}{e^{\mu\theta}-1}\quad(\text{N})\tag{7.27}$$

当制动鼓逆时针方向转动时，由$Fl=T_1a$，有下列关系成立。

$$F=\frac{T_1a}{l}=f\frac{a}{l}\times\frac{e^{\mu\theta}}{e^{\mu\theta}-1}\quad(\text{N})\tag{7.28}$$

带的接触角度θ通常为180°～270°，但是在某些情况下，甚至将带缠绕两圈，角度能达到630°。表7.2给出了$e^{\mu\theta}$的值。

表7.2　$e^{\mu\theta}$的值

接触角摩擦因数	0.5π 90°	π 180°	1.5π 270°	2π 360°	2.5π 450°	3π 540°	3.5π 630°
0.10	1.17	1.37	1.60	1.87	2.20	2.57	3.0
0.18	1.30	1.76	2.34	3.10	4.27	5.45	7.5
0.20	1.37	1.89	2.57	3.50	4.80	6.60	9.0
0.25	1.48	2.20	3.25	4.80	7.10	10.60	15.6
0.30	1.60	2.60	4.10	6.60	10.50	16.90	27.0
0.40	1.90	3.50	6.60	12.30	23.10	43.40	81.3
0.50	2.20	4.80	10.50	23.10	50.80	111.30	244.1

带式制动带的宽度b (mm) 在假设带的厚度为t (mm) 和带的许用拉应力为σ_a (MPa) 时，通过下式获得。

$$b=\frac{T_1}{t\sigma_a}\quad(\text{mm})\tag{7.29}$$

通常，带的厚度t为2～4mm，宽度b为150mm及以下。

例题

7.4 在图7.17所示的带式制动器逆时针转动的场合，当350N·m的转矩作用在制动鼓上时，请求解出为了制动这一制动鼓所需要的制动力F。在这里，设缠绕的包角θ=270°、摩擦因数μ=0.3、l=800mm、a=80mm以及制动鼓的直径D=500mm。

解：制动力F为：

$$f=\frac{2T}{D}=\frac{2\times350\times1000}{500}=1400\ (\text{N})$$

摩擦因数μ=0.3、包角θ=270° 时的$e^{\mu\theta}$值由表7.2可知，$e^{0.3\times1.5\pi}$=4.10。

逆时针转动的制动力F由公式（7.28）给出。

$$F=f\frac{a}{l}\times\frac{e^{\mu\theta}}{e^{\mu\theta}-1}=1400\times\frac{80}{800}\times\frac{4.1}{4.1-1}$$
$$=185.1\ (\text{N})$$

习 题

习题1 在弹簧钢丝的直径为8mm、中径为60mm、有效圈数为14圈的压缩螺旋弹簧上施加400N的负载，请求解出弹簧钢丝的扭转应力、形变及弹性系数。弹簧钢丝的切变弹性模量为78GPa。

习题2 使用六个圆柱螺旋弹簧作用有3kN压力的物体，这时的弹簧内产生的扭转应力为多少？这时，弹簧钢丝的直径$d=4$ mm、中径$D=16$ mm。

习题3 当6kN的载荷作用在跨度为600mm、板宽为80mm、板厚为8mm、板数为5的重叠板板簧的中心时，请求解出最大应力和最大变形。这里，抗弯弹性模量为206GPa，并且不考虑摩擦。

习题4 在图7.14所示的单制动块式制动器中，设D=400mm、a=800mm、b=80mm、F=150N、μ=0.2，当制动鼓以100r/min速度顺时针转动时，请求解出制动力f和制动力矩T。另外，假设许用按压的压力p=0.1MPa且制动蹄的长度为200mm时，制动蹄的宽度是多少？请计算出制动能力。

习题5 在图7.18所示的带式制动器顺时针转动时，350N・m的力矩作用在制动鼓上，请求解出为了制动需要施加的制动力F。在这里，包角的角度θ=270°、摩擦因数μ=0.3、l=800mm、a=80mm、制动鼓的直径D=500mm。

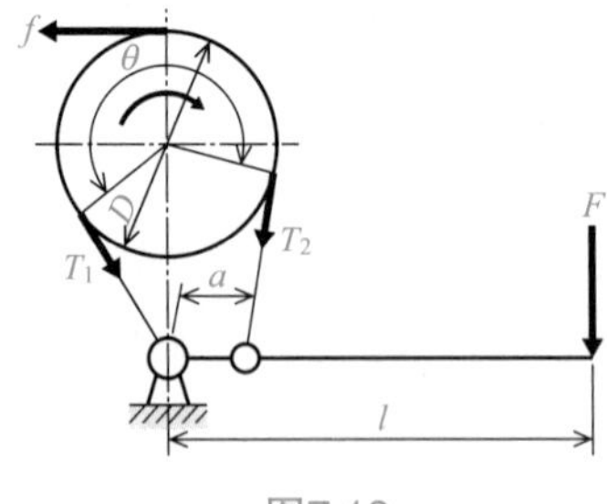

图7.18

习题解答

第1章

习题1 求解要将重力500N的物体提升15m所需要的功。

解：

由式（1.1），有

$$A = Fl = 500 \times 15 = 7500\ (\mathrm{J})$$

习题2 在图1.21所示的滑轮组装置中，将1个动滑轮添加在定滑轮之前，组成有四个动滑轮的滑轮组，提升重量100N的货物。请求解出在定滑轮上拉绳索的力的大小。

解：

由式（1.4）求得有四个动滑轮的场合，拉绳索的牵引力如下：

$$F = \frac{1}{2} \times \frac{1}{2} \times \frac{1}{2} \times \frac{1}{2} W = \frac{1}{16} \times 100 = 6.25\ (\mathrm{N})$$

习题3 通过施加1000N的力，使物体在4s内只被提升40m，请求解出功率。

解：

由式（1.10），有：

$$P = \frac{Fl}{t} = \frac{1000 \times 40}{4} = 10000\ (\mathrm{N \cdot m/s}) = 10000\mathrm{W} = 10\mathrm{kW}$$

习题4 如图1.26所示，当放置在水平面上的物体的重力为50N时，如果用平行于平面的16N力才能移动它，那么静摩擦因数是多少？另外，如图1.27所示，当该物体放置在斜面上时，请求解出它开始自然滑动时的倾斜角度。

解：

由式（1.10），摩擦力为：

$$f_0 = \mu_0 R$$

静摩擦系数

$$\mu_0 = \frac{f_0}{R} = \frac{16}{50} = 0.32$$

物体开始自然滑动的倾斜角由式（1.14）给出。

$$\mu_0 = \tan\rho$$

由物体滑动开始的倾斜角度等于摩擦角度这一关系，求倾斜角度

$$\rho = \arctan\mu_0 = \arctan 0.32 = 17.7^\circ$$

习题5 当对横截面积为50mm^2、长度为5m的钢丝施加5kN的载荷时，可将其拉长2.5mm。请求解出钢丝的纵向弹性模量。

解：

已知条件

$$5\text{kN} = 5000\text{N}$$

由式（1.10），有：

$$E = \frac{Wl}{A\Delta l} = \frac{5000\times5000}{50\times2.5} = 200000\ (\text{MPa}) = 200\text{GPa}$$

习题6 有一钢材的屈服强度为300MPa，将其屈服强度作为基准强度，设安全系数为3，请求解出许用应力σ_a。

解：

由式（1.39），有：

$$\sigma_a = \frac{\sigma^*}{S} = \frac{300}{3} = 100\ (\text{MPa})$$

第2章

习题1 螺距为3mm的双头螺纹的导程是多少。

解：

已知条件

$$P = 3\text{mm},\quad n = 2$$

由式（2.1），有：

$$L = nP = 2\times3 = 6\ (\text{mm})$$

习题2 在JIS标准规定的公制粗牙螺纹M20上，需要施加多大的拧紧扭矩才能使紧固力达到8kN。这里，螺纹的导程角为2.5°，螺纹面的摩擦因数为0.15。

解：

已知条件

$$W = 8\text{kN} = 8000\text{N} \quad \mu = 0.15$$
$$\theta = 2.5^{\circ}$$
$$\rho = \arctan\mu = \arctan 0.15 = 8.53^{\circ}$$

由表2.1查得：

$$d_2 = 18.376\text{mm}$$

由式（2.7），有：

$$\begin{aligned} T &= \frac{d_2}{2} W \tan(\theta + \rho) \\ &= \frac{18.376}{2} 8000 \times \tan(2.5 + 8.53) \\ &= 14327.6\ (\text{N}\cdot\text{mm}) = 14.327\text{N}\cdot\text{m} \end{aligned}$$

习题3 当用图2.40所示的吊环螺栓悬挂重量30kN的物体时，请求解出吊环螺栓的螺纹部位尺寸为多少才能安全。这里，使用普通螺栓，螺栓材料的许用拉伸应力设为60MPa。

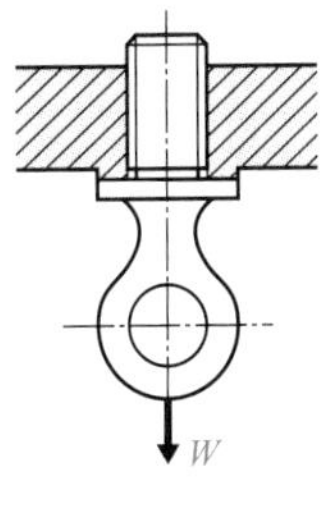

图2.40

解：

已知条件

$$W = 30\text{kN} = 30000\text{N}，\ \sigma_{\text{a}} = 60\text{MPa}$$

在式（2.9）中代入数值，得：

$$d = \sqrt{\frac{2W}{\sigma_{\text{a}}}} = \sqrt{\frac{2 \times 30000}{60}} = 31.6\ (\text{mm})$$

在表2.1中选择比这一计算值大的普通公制螺纹，其公称直径为36mm。

习题4 想用4根螺栓如图2.41所示那样吊起16kN的载荷。当采用普通螺栓时，螺栓的直径尺寸为多少合适。这里，螺栓材料的许用拉伸应力为60MPa。

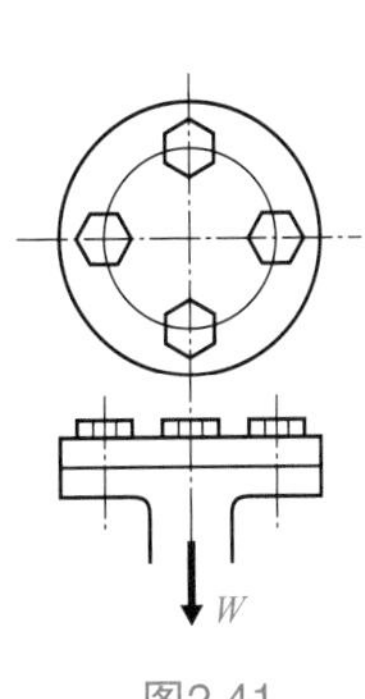

图2.41

解：

每根螺栓所承担的载荷是16kN的1/4，即W=4kN，则有：

$$W = 4\text{kN} = 4000\text{N}$$
$$\sigma_{\text{a}} = 60\text{MPa}$$

在式（2.9）中代入数值，得：

$$d = \sqrt{\frac{2W}{\sigma_{\text{a}}}} = \sqrt{\frac{2 \times 4000}{60}} = 11.5\ (\text{mm})$$

在表2.1中选择比这一计算值大的普通公制螺纹，其公称直径为12 mm。

习题5 请求解出被8 kN载荷作用的紧固螺栓应采用多大的公称直径。这里，采用的是普通螺栓，螺栓的许用拉伸应力为60MPa。

解：

已知条件

$$W = 8\text{kN} = 8000\text{N},\ \sigma_{\text{a}} = 60\text{MPa}$$

在紧固螺栓上不仅有轴向载荷作用，也有扭矩作用，因此在式（2.10）中代入数值。

$$d = \sqrt{\frac{8W}{3\sigma_{\text{a}}}} = \sqrt{\frac{8 \times 8000}{3 \times 60}} = 18.8\ (\text{mm})$$

在表2.1中选择比这一计算值大的普通公制螺纹，其公称直径为20mm。

习题6 如图2.42所示，当在垂直于螺栓轴线的方向上施加6kN的载荷时，螺栓的公称直径应该取多少好？这里，螺栓材料的许用剪切应力为40MPa。

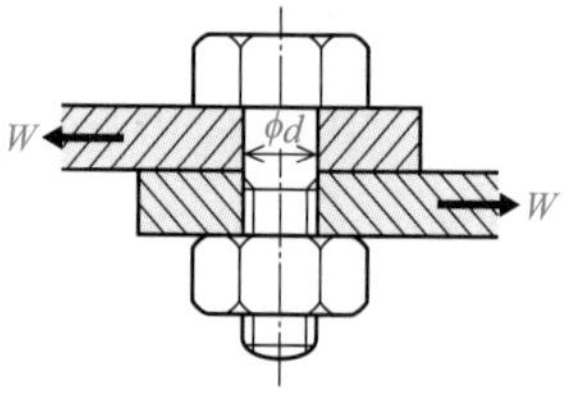

图2.42

解：

已知条件

$$W = 6\text{kN} = 6000\text{N},\ \tau_{\text{a}} = 40\text{MPa}$$

在式（2.11）中代入数值，得：

$$d = \sqrt{\frac{4W}{\pi\tau_{\text{a}}}} = \sqrt{\frac{4 \times 6000}{\pi \times 40}} = 13.8\ (\text{mm})$$

在表2.1中选择比这一计算值大的普通公制螺纹，其公称直径为16 mm。

习题7 在如图2.43所示的花篮螺栓上施加7kN的张力时，请确定螺栓的尺寸和螺纹的旋合长度。这里，螺钉是一般用途的公制螺纹，许用拉伸应力为50MPa，许用表面压力为12MPa。

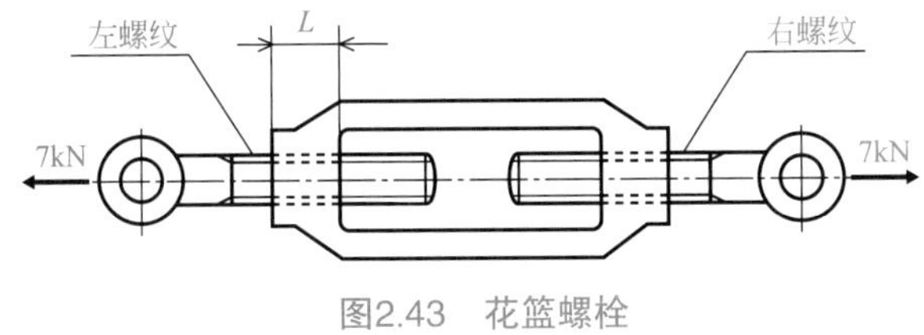

图2.43　花篮螺栓

解：

已知条件

$$W = 7\text{kN} = 7000\text{N} \quad \sigma_{\text{a}} = 50\text{MPa}$$
$$q = 12\text{MPa}$$

由于在松紧螺纹扣的螺纹部位同时作用有轴向载荷和扭矩，因此由式（2.10）求解螺纹的直径d。

$$d = \sqrt{\frac{8W}{3\sigma_{\text{a}}}} = \sqrt{\frac{8 \times 7000}{3 \times 50}} = 19.322\ (\text{mm})$$

从表2.1中选择M20作为花篮螺栓的螺纹尺寸。当螺纹公称尺寸为M20时，外螺纹的外径$d = 20\,\text{mm}$，内螺纹的内径$D = 17.294\,\text{mm}$，螺距$P = 2.5\,\text{mm}$，由式（2.13）求出螺纹的旋合长度L。

$$L = \frac{4\text{WP}}{\pi q\left(d^2 - D_1^2\right)} = \frac{4 \times 7000 \times 2.5}{\pi \times 12 \times (20^2 - 17.294^2)}$$
$$= \frac{70000}{37.68 \times (400 - 299.082)} = 18.41\ (\text{mm})$$

基于上述的计算结果，选择的螺纹公称直径为M20，旋合长度为20 mm。

习题8　有一螺旋压力机可承受200 kN的载荷。当外螺纹的大径为100 mm、内螺纹的小径为80mm、螺距为20mm时，承受载荷的螺纹旋合长度为多少？在此，螺杆采用方形螺纹，许用表面压力为15MPa。

解：

已知条件

$$W = 200\text{kN} = 200000\text{N}$$
$$d = 100\text{mm}, D_1 = 80\text{mm}, P = 20\text{mm}, q = 15\text{MPa}$$

在式（2.13）中代入数值，得：

$$
\begin{aligned}
L &= \frac{4WP}{\pi q\left(d^2 - D_1^2\right)} \\
&= \frac{4 \times 200000 \times 20}{\pi \times 15 \times (100^2 - 80^2)} \\
&= 94.36(\text{mm}) \\
&\approx 95\text{mm}
\end{aligned}
$$

第3章

习题1　请求解出以转速100r/ min传递功率5 kW的轴所承受的转矩。

解：

已知条件

$$P = 5\text{kW} = 5000\text{W}, \quad n = 100\text{r/min}$$

由式（3.2），得：

$$
\begin{aligned}
T &= 9.55 \times 10^3 \frac{P}{n} = 9.55 \times 10^3 \times \frac{5 \times 10^3}{100} \\
&= 477500\ (\text{N} \cdot \text{mm})
\end{aligned}
$$

习题2　请求解出以转速500r/min传递功率20 kW的轴径。这时，许用扭转应力为25MPa。

解：

已知条件

$$P = 20\text{kW}，n = 500\text{r/min}，\tau_\text{a} = 25\text{MPa}$$

由式（3.6），得：

$$
\begin{aligned}
d &= 365\sqrt[3]{\frac{P}{\tau_\text{a} n}} = 365\sqrt[3]{\frac{20}{25 \times 500}} \\
&= 365 \times \sqrt[3]{1.6 \times 10^{-3}} = 365 \times 0.1169 = 42.67\ (\text{mm})
\end{aligned}
$$

根据轴径的计算结果，从表3.1中选择大于43 mm的轴径。因此，采用45mm的轴径。

习题3　当许用扭转应力为40 MPa时，请求解承受8000000N・mm转矩的低碳钢实心轴的直径。

解：

已知条件

$$\tau_a = 40\text{MPa}，\ T = 8000000\text{N}\cdot\text{mm}$$

由式（3.5），得：

$$d \approx 1.72\sqrt[3]{\frac{T}{\tau_a}} = 1.72\sqrt[3]{\frac{8000000}{40}}$$
$$= 1.72 \times 58.48 = 100.58\ (\text{mm})$$

由表3.1，采用105 mm的轴径。

习题4 请求解出图3.8所示车轴的直径。这里，W=60kN，l=2000mm，l_2=1500mm，许用弯曲应力为50MPa。

解：

作用在轴上的最大弯曲力矩M为

$$M = \frac{W}{2} \times \frac{l_1 - l_2}{2}$$
$$= \frac{60000}{2} \times \frac{2000 - 1500}{2}$$
$$= 30000 \times 250 = 7500000\ (\text{N}\cdot\text{mm})$$

由式（3.11），得：

$$d = 2.17\sqrt[3]{\frac{M}{\sigma_b}} = 2.17\ \sqrt[3]{\frac{7500000}{50}}$$
$$= 2.17 \times 53.13 = 115.3\ (\text{mm})$$

由表3.1，轴的直径采用120 mm。

习题5 求解出同时承受20 kN · mm弯矩和6 kN · mm转矩的低碳钢实心轴的直径。这里，许用弯曲应力为60MPa，许用扭转应力为30MPa。

解：

已知条件

$$M = 20\text{kN}\cdot\text{mm} = 20000\text{N}\cdot\text{mm}$$
$$T = 6\text{kN}\cdot\text{mm} = 6000\text{N}\cdot\text{mm}$$

由式（3.13），得：

$$T_e = \sqrt{M^2 + T^2} = \sqrt{20000^2 + 6000^2}$$
$$= \sqrt{400000000 + 36000000} = \sqrt{436000000}$$
$$\approx 20881\ (\text{N}\cdot\text{mm})$$

由式（3.14），得：

$$M_{\mathrm{e}}=\frac{M+T_{\mathrm{e}}}{2}=\frac{20000+20881}{2}\approx 20440\ (\mathrm{N}\cdot\mathrm{mm})$$

由式（3.15）及已知条件$\sigma_{\mathrm{b}}=60\,\mathrm{MPa}$，得：

$$d=\sqrt[3]{\frac{32M_{\mathrm{e}}}{\pi\sigma_{\mathrm{b}}}}=\sqrt[3]{\frac{32\times 20440}{\pi\times 60}}=\sqrt[3]{3471.8}$$
$$=15.14(\mathrm{mm})\approx 15.1\mathrm{mm}$$

由式（3.16）及已知条件$\tau_{\mathrm{a}}=30\,\mathrm{MPa}$，得：

$$d=\sqrt[3]{\frac{16T_{\mathrm{e}}}{\pi\tau_{\mathrm{a}}}}=\sqrt[3]{\frac{16\times 20881}{\pi\times 30}}=\sqrt[3]{3546.7}$$
$$=15.25(\mathrm{mm})\approx 15.3\mathrm{mm}$$

从两个计算结果来看，直径较大的相对安全侧轴的直径为15.3mm。当由表3.1选择轴径时，轴的直径取16mm。

习题6 当许用扭转应力为40MPa时，确定承受6000kN · mm转矩的低碳钢实心轴的直径，并求解出此时长度为2m的轴的扭转角。这里，剪切弹性模量为80000MPa。

解：

已知条件

$$T=6000\mathrm{kN}\cdot\mathrm{mm}=6000000\mathrm{N}\cdot\mathrm{mm},\quad \tau_{\mathrm{a}}=40\mathrm{MPa}$$

由式（3.5），得：

$$d\approx 1.72\sqrt[3]{\frac{T}{\tau_{\mathrm{a}}}}=1.72\sqrt[3]{\frac{6000000}{40}}$$
$$=1.72\times 53.13=91.38\ (\mathrm{mm})$$

由表3.1，选取轴的直径为95 mm。

轴的扭转角由式（3.5）进行计算，得：

$$\theta=\frac{Tl}{GI_{\mathrm{p}}}\times\frac{360}{2\pi}=\frac{Tl}{G}\times\frac{32}{\pi d^{4}}\times\frac{360}{2\pi}$$
$$=\frac{6000000\times 2000\times 32\times 360}{80000\times\pi\times 95^{4}\times 2\pi}=1.076^{\circ}$$

因此，轴的直径为95 mm，扭转角度为1.076°。

习题7 有一传递3000kN·mm转矩的传动轴的直径为80mm。请确定轴上所用键的尺寸（$b\times h\times l$）。这里，键是平键，许用剪切应力为30MPa，许用压应力为80 MPa。

解：

已知条件

$$T = 3000\text{kN}\cdot\text{mm} = 3000000\text{N}\cdot\text{mm}，d = 80\text{mm}$$
$$\tau_s = 30\text{MPa}，\sigma_c = 80\text{MPa}$$

平键的公称尺寸由表3.3适用轴径80mm中，选择$b\times h$=22mm×14mm，然后求键的长度l。

相对于剪切力，由式（3.23）计算。

$$l = \frac{2T_1}{b\tau_s d} = \frac{2\times 3000000}{22\times 30\times 80} = 113.6\ (\text{mm})$$

相对于压缩力，由式（3.25）计算。

$$l = \frac{4T_2}{h\sigma_c d} = \frac{4\times 3000000}{14\times 80\times 80} = 133.9\ (\text{mm})$$

根据计算结果，选择计算的键长较大的133.9mm，并在表3.3中的注①中采用140mm的长度。

在轴上使用的键的尺寸为$b\times h\times l = 22\text{mm}\times 14\text{mm}\times 140\text{mm}$。

习题8 请求解出在600r/min内传递10kW功率的单板离合器接触面的外径D_2和内径D_1尺寸。这里，摩擦因数$\mu = 0.3$，$D_2 / D_1 = 1.5$，接触表面的平均压力为2MPa。

解：

已知条件

$$P = 10\text{kW} = 10000\text{W}，n = 600\text{r/min}，\mu = 0.3$$

由式（3.2）得：

$$\begin{aligned} T &= 9.55\times 10^3 \frac{P}{n} = 9.55\times 10^3 \times \frac{10000}{600} \\ &= 159\times 10^3\ (\text{N}\cdot\text{mm}) \end{aligned}$$

将$q = 2\,\text{MPa}$和$D_2 = 1.5D_1$代入式（3.26）中，则

$$159\times10^3=\frac{\pi\times0.3\times2}{16}(1.5D_1+D_1)^2(1.5D_1-D_1)$$
$$=\frac{\pi\times0.3\times2\times(2.5D_1)^2\times0.5D_1}{16}$$
$$=3.68\times10^{-1}\times D_1^3$$
$$D_1=\sqrt[3]{\frac{159\times10^3}{3.68\times10^{-1}}}=75.6\approx76\ (\text{mm})$$
$$D_2=1.5D_1=1.5\times76=114\ (\text{mm})$$

因此，$D_1=76\text{mm}$，$D_2=114\text{mm}$。

第4章

习题1 请求解出旋转速度为400r/min、承载20 kN的泵的轴端直径。这里，*dl*=2，*pV*值为2MPa · m/s。

解：

已知条件

$$n=400\text{r/min},\quad W=20\text{kN}=20000\text{N}$$
$$l/d=2,\quad pV=2\text{MPa}\cdot\text{m/s}$$

由式（4.6）得：

$$l=5.24\times10^{-5}\times\frac{Wn}{pV}$$
$$=5.24\times10^{-5}\times\frac{20\times10^3\times400}{2}$$
$$=209.6\ (\text{mm})\approx210\text{mm}$$

由$l/d=2$得：

$$d=\frac{l}{2}=\frac{210}{2}=105\ (\text{mm})$$

因此，轴径为105mm，长度为210 mm。

习题2 直径为155mm、长度为240 mm的空气压缩机主轴承在270r/min的转速下支持40kN的最大轴承载荷。请求解出最大的轴承压力和*pV*值。

解：

已知条件

$$d=155\text{mm},\ l=240\text{mm},\ n=270\text{r/min},\ W=40\text{kN}=40000\text{N}$$

最大的轴承压力由式（4.3）计算。

$$p=\frac{W}{dl}=\frac{40000}{155\times240}=1.08\ (\text{MPa})$$

pV值由式（4.5）计算。

$$pV=p\frac{\pi dn}{1000\times60}=1.08\times\frac{\pi\times155\times270}{1000\times60}$$
$$=1.08\times2.19=2.37\ (\text{MPa}\cdot\text{m/s})$$

因此，最大的轴承压力为1.08 MPa，pV值为2.37 MPa・m/s。

习题3　直径75mm的轴承承受8 kN的轴向载荷。如果尝试使用带有3个圆环的环式推力轴承进行支撑，请求解出圆环的直径多少为好。这里，最大许用压力p为3MPa。

解：

已知条件

$$d=75\text{mm},\quad W=8\text{kN}=8000\text{N},\quad p=3\text{MPa},\quad n=3$$

由式（4.12）计算，并进行公式的变形。

轴承压力

$$p=\frac{W}{\frac{\pi}{4}\left(D^2-d^2\right)n}$$

$$D^2-d^2=\frac{W}{\frac{\pi}{4}pn}$$

$$D^2=\frac{W}{\frac{\pi}{4}pn}+d^2$$

$$D=\sqrt{\frac{W}{\frac{\pi}{4}pn}+d^2}$$

$$=\sqrt{\frac{8000}{\frac{\pi}{4}\times3\times3}+75^2}$$

$$=\sqrt{1132.3+5625}=\sqrt{6757.3}=82.2\ (\text{mm})$$

因此，圆环的直径为83 mm。

习题4 当单列深沟球轴承6305在650r/min的转速下仅承受3000N的径向载荷时，请求出使用寿命。另外，请求解出dn值。

解：

已知条件

$$F_r = 3000\text{N} \quad n = 650\text{r/min}$$

在径向轴承的场合，因为轴承仅承受径向载荷F_r(N)，所以当量载荷W_r(N)由式（4.14）表示为W_r=F_r=3000N。

基本额定动载荷由表4.8能够查出C=17 kN=17000N（注：横轴表示形状的63C和纵轴表示序号的05的交点坐标为17 kN）。

在旋转速度n=650r/min时，速度系数f_n由式（4.21）求出。在球轴承的场合，m=3。

$$f_n = \left(\frac{33.3}{n}\right)^{1/m} = \left(\frac{33.3}{650}\right)^{1/3} = 0.371$$

疲劳寿命系数f_h由式（4.20）求出。

$$f_h = \frac{C_n}{W} = \frac{C}{W_r} f_n = \frac{17000}{3000} \times 0.371 = 2.10$$

疲劳时间L_{10h}由式（4.19）求出。

$$L_{10h} = 500 f_h^m = 500 \times 2.1^3 = 4630\ (\text{h})$$

表示许用旋转速度极限的系数dn值通过轴径d和旋转速度n的乘积获得。

在表4.5中，内径代号05的轴承内径为5×5mm，轴径d=25mm，dn值为25×650=16250，在表4.10中的单列深沟球轴承的极限值以内。

习题5 在习题4中，当再增加1kN的轴向载荷时，请求解出使用寿命。

解：

由习题4和已知条件

$$F_r = 3000\text{N} \quad n = 650\text{r/min}$$
$$F_a = 1000\text{N}$$

由于轴承承受径向载荷F_r(N)和轴向载荷F_a(N)的联合作用，因此当量载荷W_a(N)由式（4.15）求解。

$$W_a = XF_r + YF_a$$

式中，X为径向载荷系数；Y为轴向载荷系数。请参阅表4.9中径向轴承的径向载荷系数X及轴向载荷系数Y。

在表4.9中，由轴向负荷比F_a / C_{0r}查出各载荷系数。

基本额定静载荷由表4.8查出$C_0 = 10\text{kN} = 10000\text{N}$（注：横轴表示形状的63 C_0和纵轴表示序号的05的交点坐标为10kN）。

轴向负荷比$F_a / C_{0r} = 1000\text{N} / 10000\text{N} = 0.1$。

在表4.9中，通过低于0.1的值0.084和高于0.1的值0.11进行插值，求解得出对应于$F_a / C_{0r} = 0.1$的e值。

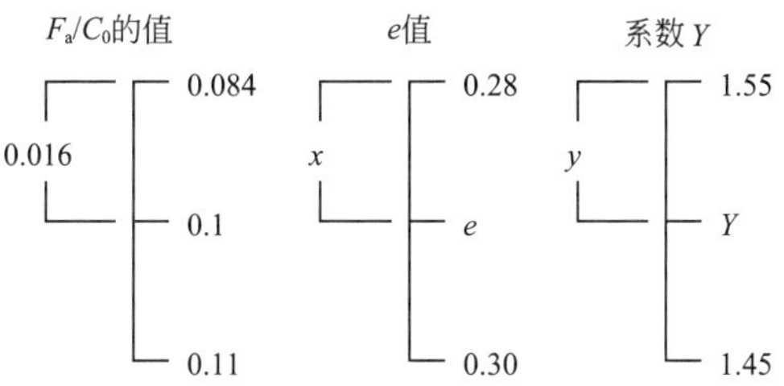

$$\frac{x}{0.02} = \frac{0.016}{0.026} \quad x = 0.0123$$

$$e = 0.28 + 0.012 = 0.292$$

$$F_a / F_r = 1000\text{N} / 3000\text{N} = 0.333 > e$$

因此，由表4.9的右侧取$X = 0.56$，Y用插值法求解。

$$\frac{y}{0.1} = \frac{0.016}{0.026} \quad y = 0.062$$

$$Y = 1.55 - 0.062 = 1.488$$

由上述关于载荷系数X以及Y的计算，求得$X = 0.56$和$Y = 1.488$。当量载荷W_a (N)由式（4.15）求解。

$$\begin{aligned} W_a &= XF_r + YF_a = 0.56 \times 3000 + 1.488 \times 1000 \\ &= 1680 + 1488 = 3168 \text{ (N)} \end{aligned}$$

在旋转速度n=650r/min时，速度系数f_n由式（4.21）求出。在滚珠轴承的场合，m=3。

$$f_n = \left(\frac{33.3}{n}\right)^{1/m} = \left(\frac{33.3}{650}\right)^{1/3} = 0.371$$

疲劳寿命系数f_h由式（4.20）求出。

$$f_h = \frac{C_n}{W} = \frac{C}{W_a} f_n = \frac{17000}{3168} \times 0.371 = 1.991$$

疲劳时间L_{10h}由式（4.19）求出。

$$L_{10h} = 500 f_h^m = 500 \times 1.991^3 = 3946 \text{ (h)}$$

习题6　计划使用单列深沟球轴承6220，采用喷射方式进行油润滑。请求解出最高使用转速。

解：

在表4.5中查出，内径代号20的轴承内径为20×5mm，轴径d=100mm。由表4.10查出dn值为600000。因此，最大使用转速为

$$n = \frac{dn}{d} = \frac{600000}{100} = 6000\ (\text{r/min})$$

第5章

习题1　求解出模数为4 mm、齿数为35的标准直齿轮的分度圆直径和齿距。

解：

已知条件

$$m = 4\text{mm}，\ z = 35$$

由式（5.2）求得分度圆直径

$$d = mz = 4 \times 35 = 140\ (\text{mm})$$

由式（5.1）求得齿距

$$p = \frac{\pi d}{z} = \frac{\pi \times 140}{35} = 12.56\ (\text{mm})$$

因此，分度圆直径为140 mm，齿距为12.56mm。

习题2　有模数为5mm、齿数分别为20和80的标准直齿轮A和B。当A齿轮的转动速度为1000r/min时，请求解出以下的值。

① 分度圆直径；

② 中心距离；

③ 分度圆上的圆周速度；

④ B齿轮的转动速度。

解：

已知条件

$$m = 5\text{mm}，\ z_a = 20，\ z_b = 80，\ n_a = 1000\text{r/min}$$

①分度圆直径由式（5.2）计算。

齿轮A的分度圆直径

$$d_a = mz_a = 5 \times 20 = 100\ (\text{mm})$$

齿轮B的分度圆直径

$$d_b = mz_b = 5 \times 80 = 400\ (\text{mm})$$

②中心距由式（5.13）计算。

$$a = \frac{d_a + d_b}{2} = \frac{100 + 400}{2} = 250\ (\text{mm})$$

③分度圆上的圆周速度由式（5.12）计算。

$$v = \frac{\pi d_a n_a}{1000 \times 60} = \frac{\pi \times 100 \times 1000}{1000 \times 60} = 5.23\ (\text{m/s})$$

④齿轮B的转动速度由式（5.11）计算。

$$\frac{n_a}{n_b} = \frac{z_b}{z_a} \quad \therefore \quad n_b = \frac{z_a}{z_b} \times n_a = \frac{20}{80} \times 1000 = 250\ (\text{r/min})$$

习题3 有如图5.19所示的由三个齿轮组成的齿轮系，各自的齿数分别为$z_1 = 50$、$z_2 = 20$、$z_3 = 100$。当齿轮①的转速为1000r/min时，那么齿轮③的转速是多少？

解：

已知条件

$$z_1 = 50，z_2 = 20，z_3 = 100，n_1 = 1000\ \text{r/min}$$

中间齿轮②与速比无关。

齿轮③的转速由式（5.27）给出。

$$\frac{n_1}{n_3} = \frac{z_3}{z_1}$$

$$n_3 = \frac{z_1}{z_3} \times n_1 = \frac{50}{100} \times 1000 = 500\ (\text{r/min})$$

习题4 当传递功率为3.7kW时，按照弯曲强度设计能够将转速为600r/min的主动轴的转速降低到1/3的标准直齿轮。设齿轮的材料是S43C（200HBW），小齿轮的分度圆直径约为100mm。另外，轴的直径是按照轴的扭转强度确定的，许用扭转应力τ_a为20MPa。

解：

① 轴的直径。

小齿轮的轴直径为d_{01}，大齿轮的轴直径为d_{02}，当d_{01}的转动速度为n_1(r/min)时，由式（3.6）得：

$$d_{01}=365\sqrt[3]{\frac{P}{\tau_a n_1}}=365\sqrt[3]{\frac{3.7}{20\times 600}}=24.6\ (\text{mm})$$

大齿轮的转动速度n_2由速度的传动比$i=3$，有：

$$n_2=\frac{n_1}{i}=\frac{600}{3}=200$$

因此，有：

$$d_{02}=365\sqrt[3]{\frac{P}{\tau_a n_2}}=365\sqrt[3]{\frac{3.7}{20\times 200}}=35.6\ (\text{mm})$$

由表3.1，在考虑键槽的基础上，确定的轴径分别如下。

$$d_{01}=28\text{mm},\quad d_{02}=40\text{mm}$$

② 模数和齿数的设定。

首先，假定模数为2.0mm。给定小齿轮的分度圆直径为100mm，则由式（5.2）求得齿数比

$$z_1=\frac{100}{2}=50$$

由式（5.11），由于速度的传动比$i=3=z_2/z_1$，则$z_2=150$。

③由齿的弯曲强度确定齿宽。

分度圆的圆周速度由式（5.12）给出。

$$v=\frac{\pi m z_1 n_1}{1000\times 60}=\frac{\pi\times 2\times 50\times 600}{1000\times 60}=3.14\ (\text{m/s})$$

作用在分度圆切线方向上的力由式（5.14）给出。

$$F=\frac{1000P}{v}=\frac{1000\times 3.7}{3.14}=1178\ (\text{N})$$

齿形系数（表5.16）　$Y=2.32$

使用系数（表5.2）　$K_A=1.00$

动态载荷系数（表5.3）　由于4级非修整且速度$v=3.14$ m/s，则有 $K_v=1.4$

许用应力（表5.6）　由S43C且硬度200HBW，则有$\sigma_{\text{Flim}}=196$ MPa

压力角　$\alpha=20°$

通过变换式（5.18），有：

$$b\geqslant\frac{FYK_A K_v}{m\sigma_{\text{Flim}}}=\frac{1178\times 2.32\times 1\times 1.4}{2\times 196}$$

$$b\geqslant 9.76\text{mm}$$

由表5.4查得$K=b/m=6\sim10$，$b/m=10/2=5$，$b/2=14/2=7$。

因此，设$b=14$ mm时，是充分满足要求的。

④各部分的尺寸。

分度圆直径

$$d_1=mz_1=2\times50=100\ (\text{mm})$$
$$d_2=mz_2=2\times150=300\ (\text{mm})$$

齿顶圆直径

$$d_{a1}=m(z_1+2)=2\times(50+2)=104\ (\text{mm})$$
$$d_{a2}=m(z_2+2)=2\times(150+2)=304\ (\text{mm})$$

齿根圆直径

$$d_{a1}=m(z_1-2.5)=2\times(50-2.5)=95\ (\text{mm})$$
$$d_{a2}=m(z_2-2.5)=2\times(150-2.5)=295\ (\text{mm})$$

中心距离

$$a=\frac{d_1+d_2}{2}=\frac{100+300}{2}=200\ (\text{mm})$$

键的尺寸　　mm

轴径	键（宽度×高度）	轴的槽深t_1	轮毂的槽深t_2
28	8×7	4.0	3.3
40	12×8	5.0	3.3

第6章

习题1　两个直径分别为800 mm和250 mm的带轮，当轴间距离为2000mm时，请求解出开口式传动和交叉式传动的带长。

解：

已知条件

$$a=2000\text{mm},\ d_2=800\text{mm},\ d_1=250\text{mm}$$

开放式传动场合下的带长由式（6.3）计算。

$$\begin{aligned}L&=2a+\frac{1}{2}\pi(d_2+d_1)+\frac{(d_2-d_1)^2}{4a}\\&=2\times2000+\frac{1}{2}\pi\times(800+250)+\frac{(800-250)^2}{4\times2000}\\&=4000+1648.5+37.8=5686.3\ (\text{mm})\end{aligned}$$

交叉式传动场合下的带长由式（6.5）计算。

$$L=2a+\frac{1}{2}\pi\left(d_2+d_1\right)+\frac{\left(d_2+d_1\right)_2}{4a}$$
$$=2\times2000+\frac{1}{2}\pi\times(800+250)+\frac{(800+250)^2}{4\times2000}$$
$$=4000+1648.5+137.8=5786.3\ (\text{mm})$$

习题2 请求解出带速8 m/s的1根B型V带所能传递的功率。这里，带和带轮之间的摩擦因数为0.3，V带的许用应力为2MPa，包角为120°。

解：

已知条件

$$v=8\text{m}/\text{s},\ \mu=0.3,\ \sigma_a=2\text{MPa},\ \theta=120^{\circ}$$

考虑到V带的传递功率P(W)与平带类似，因此由式（6.11）计算。

$$P=F_e v=F_t v\frac{e^{\mu\theta}-1}{e^{\mu\theta}}$$

V带的摩擦因数μ与平带不同，这是考虑了V带的凹槽特征，用表观摩擦因数μ'表达的摩擦因数由式（6.14）确定。当设V带的截面角度为40°时，有：

$$\mu'=\frac{\mu}{\sin\frac{\alpha}{2}+\mu\cos\frac{\alpha}{2}}=\frac{0.3}{\sin\frac{40^{\circ}}{2}+0.3\times\cos\frac{40^{\circ}}{2}}$$
$$=\frac{0.3}{\sin20^{\circ}+0.3\times\cos20^{\circ}}=\frac{0.3}{0.342+0.3\times0.940}$$
$$=\frac{0.3}{0.342+0.282}=\frac{0.3}{0.624}=0.481$$

带轮的包角

$$\theta=120^{\circ}=\frac{2}{3}\pi=2.09\ (\text{rad})$$
$$\mu'\theta=0.481\times2.09=1.01$$
$$e^{\mu'\theta}=2.718^{1.01}=2.75$$
$$\frac{e^{\mu'\theta}-1}{e^{\mu'\theta}}=\frac{1.75}{2.75}=0.636$$

另外，许用张力F_t由表6.3中查得，因为B型V带的截面积$A=137\text{mm}^2$。

$$F_t=\sigma A=2\times137=274\ (\text{N})$$

由于V带的传递功率与平带的求法相同，因此将上述的计算值代入式（6.11）中，就能获得传递的功率。

$$P = F_t v \frac{e^{\mu'\theta} - 1}{e^{\mu'\theta}}$$
$$= 274 \times 8 \times 0.636 = 1394 \text{ (W)} = 1.39\text{kW}$$

习题3 当主动带轮的直径为150mm、从动带轮的直径为750mm、V带使用B型的120号带时，请求解出这时的轴间距离。

解：

已知条件

$$d_1 = 150\text{mm}, d_2 = 750\text{mm}$$

由于B型的公称序号120的V带的长度由表6.9查出$L = 3048$ mm，则由公式（6.18），有：

$$B = L - \frac{\pi}{2}(d_2 + d_1) = 3048 - \frac{\pi}{2}(750 + 150)$$
$$= 3048 - 1413 = 1635 \text{ (mm)}$$

轴间距离由式（6.17）计算。

$$a = \frac{B + \sqrt{B^2 - 2(d_2 - d_1)^2}}{4}$$
$$= \frac{1635 + \sqrt{(1635)^2 - 2(750 - 150)^2}}{4}$$
$$= \frac{1635 + 1397.6}{4} = \frac{3032.6}{4} = 758.2 \text{ (mm)}$$

习题4 在张紧侧的张力为1500 N、松弛侧的张力为600 N的齿形带传动装置中，请求解出齿形带的初始张紧力和有效张力。

解：

已知条件

$$F_t = 1500\text{N}, \quad F_s = 600\text{N}$$

初始张紧力F_0由式（6.6）计算。

$$F_0 = \frac{F_t + F_s}{2} = \frac{1500 + 600}{2} = 1050 \text{ (N)}$$

有效紧力F_e由式（6.7）计算。

$$F_e = F_t - F_s = 1500 - 600 = 900 \text{ (N)}$$

习题5 当速度为3m/s且传递功率为2.5 kW时，请求解出链条张紧侧的张力。另外，当安全系数为8时，求解出链条的最小拉伸强度。

解：

已知条件

$$v = 3\text{m/s}，P = 2.5\text{kW}，S = 8$$

张紧侧的张力F_t由式（6.22）变形得：

$$F_t = \frac{P}{v} = \frac{2.5}{3} = 0.833\ (\text{kN})$$

最小拉伸强度Q (kN) 为

$$Q = F_t S = 0.833 \times 8 = 6.66\ (\text{kN})$$

因此，张紧侧的张力为0.833kN，最小拉伸强度为6.66kN。

习题6 齿数为25的小链轮以速度300r/min转动时，请求解出在链轮上使用50号链所能传递的功率。这里，许用张力为最小拉伸强度的1/10。

解：

链的速度由式（6.21）计算。

$$v = \frac{zpn}{1000 \times 60} = \frac{25 \times 15.875 \times 300}{1000 \times 60} = 1.98\ (\text{m/s})$$

最小抗拉强度由表6.15查出为22 kN，由于许用张力T为其的十分之一，则传递功率P由公式（6.22）给出。

$$P = Tv = 2.2 \times 1.98 = 4.36\ (\text{kW})$$

第7章

习题1 在弹簧钢丝的直径为8mm、中径为60mm、有效圈数为14圈的压缩螺旋弹簧上施加400N的负载，请求解出弹簧钢丝的扭转应力、形变及弹性系数。弹簧钢丝的切变弹性模量为78GPa。

解：

已知条件

$$d = 8\text{mm}，D = 60\text{mm}，N_a = 14, W = 400\text{N}$$
$$G = 78\text{GPa} = 78 \times 1000\text{MPa}$$

应力修正系数κ和弹簧指数c由式（7.5）和式（7.6）求出。

$$c=\frac{D}{d}=\frac{60}{8}=7.5$$

$$\kappa=\frac{4c-1}{4c-4}+\frac{0.615}{c}=\frac{4\times7.5-1}{4\times7.5-4}+\frac{0.615}{7.5}$$
$$=1.197$$

扭转应力τ由式（7.4）求出。

$$\tau=\kappa\frac{8WD}{\pi d^3}=1.197\times\frac{8\times400\times60}{\pi\times8^3}$$
$$=143\ (\text{MPa})$$

弹簧的形变δ由式（7.7）变形，代入数值求出。

$$\delta=\frac{8N_a WD^3}{Gd^4}=\frac{8\times14\times400\times60^3}{78\times1000\times8^4}$$
$$=30.3\ (\text{mm})$$

螺旋弹簧的弹性系数k能够由式（7.10）获得。

$$k=\frac{W}{\delta}=\frac{400}{30.3}=13.2\ (\text{N/mm})$$

习题2　使用六个圆柱螺旋弹簧作用有3 kN压力的物体，这时的弹簧内产生的扭转应力为多少？这时，弹簧钢丝的直径d=4 mm、中径D=16 mm。

解：

每个圆柱螺旋弹簧所承担的压缩载荷为

$$W=\frac{3000}{6}=500\ (\text{N})$$

弹簧指数c由式（7.6）求出。

$$c=\frac{D}{d}=\frac{16}{4}=4$$

应力修正系数κ由式（7.5）求出。

$$\kappa=\frac{4c-1}{4c-4}+\frac{0.615}{c}=\frac{4\times4-1}{4\times4-4}+\frac{0.615}{4}$$
$$=1.40$$

扭转应力τ由式（7.4）求出。

$$\tau=\kappa\frac{8WD}{\pi d^3}=1.40\times\frac{8\times500\times16}{\pi\times4^3}$$
$$=446\ (\text{MPa})$$

习题3 当6 kN的载荷作用在跨度为600mm、板宽为80mm、板厚为8mm、板数为5的重叠板板簧的中心时，请求解出最大应力和最大变形。这里，抗弯弹性模量为206GPa，并且不考虑摩擦。

解：

已知条件

$$l=600\text{mm}，b=80\text{mm}，t=8\text{mm}，n=5\text{枚}$$
$$W=6\text{kN}=6000\text{N}, E=206\text{GPa}=206\times1000\text{MPa}$$

最大应力σ由式（7.14）求出。

$$\sigma=\frac{3}{2}\times\frac{Wl}{nbt^2}=\frac{3\times6000\times600}{2\times5\times80\times8^2}=211\ (\text{MPa})$$

弹簧的最大形变δ由式（7.15）求出。

$$\delta=\frac{3}{8}\times\frac{Wl^3}{nbt^3E}=\frac{3\times6000\times600^3}{8\times5\times80\times8^3\times206\times1000}$$
$$=11.5\ (\text{mm})$$

习题4 在图7.14所示的单制动块式制动器中，设D=400mm、a=800mm、b=80mm、F=150N、μ=0.2，当制动鼓以100r/min速度顺时针转动时，请求解出制动力f和制动力矩T。另外，假设许用按压的压力p=0.1MPa且制动蹄的长度为200mm时，制动蹄的宽度是多少？请计算出制动能力。

解：

制动力f由式（7.15）求出。

$$f=\frac{F\mu a}{b}=\frac{150\times0.2\times800}{80}=300\ (\text{N})$$

制动力矩T由式（7.19）求出。

$$T=f\frac{D}{2}=300\times\frac{400}{2}=60000\ (\text{N}\cdot\text{mm})$$

在制动蹄上施加的力W由$f=\mu W$给出。

$$W=\frac{f}{\mu}=\frac{300}{0.2}=1500\ (\text{N})$$

制动蹄的宽度l由式（7.20）求出。

$$l=\frac{W}{ph}=\frac{1500}{0.1\times200}=75\ (\text{mm})$$

制动能力μpv由式（7.22）求出。

$$\mu pv = \mu p \frac{\pi Dn}{60 \times 1000} = 0.2 \times 0.1 \times \frac{\pi \times 400 \times 100}{60 \times 1000}$$
$$= 0.0419\ (\text{MPa} \cdot \text{m/s})$$

习题5 在图7.18所示的带式制动器顺时针转动时，350N·m的力矩作用在制动鼓上，请求解出为了制动需要施加的制动力F。在这里，包角的角度θ=270°、摩擦因数μ=0.3、l=800mm、a=80mm、制动鼓的直径D=500mm。

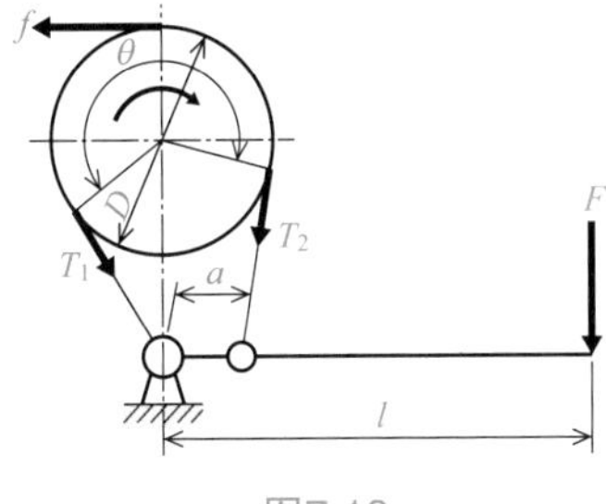

图7.18

解：

制动力f通过式（7.19）变形求出。

$$f = \frac{2T}{D} = \frac{2 \times 350 \times 1000}{500} = 1400\ (\text{N})$$

摩擦因数μ=0.3、包角θ=270° 时的$e^{\mu\theta}$值由表7.2可知，$e^{0.3 \times 1.5\pi}$=4.10。顺时针转动的制动力F由公式（7.27）给出。

$$F = f\frac{a}{l} \times \frac{1}{e^{\mu\theta} - 1} = 1400 \times \frac{80}{800} \times \frac{1}{4.1 - 1}$$
$$= 45.2\ (\text{N})$$